Schriftenreihe des Energie-Forschungszentrums Niedersachsen (EFZN)

Band 6

Das EFZN ist eine wissenschaftliche Einrichtung
der Technischen Universität Clausthal in
Kooperation mit den Universitäten Braunschweig,
Göttingen, Hannover und Oldenburg.

efzn
Energie-Forschungszentrum
Niedersachsen

Orientierungsstudie

Regelbare Ortsnetztransformatoren

Auftraggeber: E.ON Avacon AG

Goslar, November 2011

Energie-Forschungszentrum Niedersachsen
Am Stollen 19A
38640 Goslar
Telefon: +49 5321 3816 8000
Telefax: +49 5321 3816 8009
http://www.efzn.de

Bibliografische Information der Deutschen Nationalbibliothek
Die Deutsche Nationalbibliothek verzeichnet diese Publikation in der Deutschen Nationalbibliografie; detaillierte bibliografische Daten sind im Internet über http://dnb.d-nb.de abrufbar.

1. Aufl. - Göttingen: Cuvillier, 2012

978-3-95404-089-6

Nonnenstieg 8, 37075 Göttingen
Telefon: 0551-54724-0
Telefax: 0551-54724-21
www.cuvillier.de

1. Auflage, 2012
Gedruckt auf säurefreiem Papier

978-3-95404-089-6

efzn
Energie-Forschungszentrum
Niedersachsen

Wissenschaftliche Leitung:

Prof. Dr.-Ing. Hans-Peter Beck
Institut für Elektrische Energietechnik (IEE) der TU Clausthal und
Energie-Forschungszentrum Niedersachsen,
Forschungsbereich Energiesysteme und Prozessenergietechnik

Dr.-Ing. Ernst-August Wehrmann
Institut für Elektrische Energietechnik (IEE) der TU Clausthal

Dr.-Ing. Jens zum Hingst
Energie-Forschungszentrum Niedersachsen,
Forschungsbereich Energiesysteme und Prozessenergietechnik

Bearbeiter:

Dipl.-Ing. Benjamin Werther
Institut für Elektrische Energietechnik (IEE) der TU Clausthal

Dipl.-Ing. Andreas Becker
Energie-Forschungszentrum Niedersachsen,
Forschungsbereich Energiesysteme und Prozessenergietechnik

Projektkoordination und Ansprechpartner:

Dr.-Ing. Jens zum Hingst
Energie-Forschungszentrum Niedersachsen
Forschungsbereich Energiesysteme und Prozessenergietechnik
Am Stollen 19 A
38640 Goslar
Telefon: +49 5321 3816 8054
Telefax: +49 5321 3816 8009
jens.zum.hingst@efzn.de

Inhaltsverzeichnis:

Abbildungsverzeichnis:

Tabellenverzeichnis:

1. Kurzfassung

Die E.ON Avacon sieht sich als regionaler Verteilnetzbetreiber im besonderen Maße mit dem Ausbau der regenerativen Energiequellen konfrontiert. Neben dem enormen Ausbau der Nutzung der Windenergie in den vergangenen zwei Jahrzehnten, welche vornehmlich die Mittel- und Hochspannungsnetze betroffen hat, ist in der näheren Vergangenheit ein rasantes Wachstum auf dem Gebiet der Fotovoltaik zu beobachten. Diese Anlagen werden zu einem großen Teil in den Niederspannungsnetzen (NS-Netzen) angeschlossen und stellen den Netzbetreiber vor eine völlig geänderte Netzaufgabe, welche vielfach zu einem erheblichen Netzausbaubedarf führt. Die sich ergebenden Effekte werden durch die zusätzliche Einbindung von Mikro- und Mini-Blockheizkraftwerken in die Verteilnetze weiter verstärkt. Dieser neuen Aufgabenstellung begegnet die E.ON Avacon (EAV) zum Einen durch klassischen Netzausbau, zum Anderen aber auch durch die Erprobung und den zukünftigen Einsatz innovativer Technologien. Hierzu zählt auch der Einsatz des neuen Betriebsmittels „regelbarer Ortsnetztransformator“ (rONT). Für dieses Betriebsmittel liegen weder Betriebserfahrungen noch ein genaues Lastenheft vor. Aus diesem Grund führt die EAV einen Feldversuch zum Sammeln praktischer Erfahrungen in ihrem Netzgebiet durch und beauftragt weiterhin das Energie-Forschungszentrum Niedersachsen (EFZN) zur Durchführung dieser Orientierungsstudie. Ziel dieser Studie ist es, erste theoretische Erkenntnisse bezüglich des neuen Betriebsmittels rONT zu gewinnen, prinzipielle Anforderungen an einen späteren Serientyp zu definieren und potenziell auftretende Spannungsfelder sowie notwendige wissenschaftliche Vertiefungen aufzuzeigen.

Zunächst wurden mit Hilfe vereinfachter, anhand realer Netzdaten generierter NS-Netzstrukturen dynamische Netzsimulationen durchgeführt und dabei die Einbindung und deren Auswirkung auf das bestehende Energiesystem untersucht. Hierbei können zwei Fälle unterschieden werden:

Im Monosensorbetrieb stellt die Sammelschienen-Spannung (SS-Spannung) die einzige Regelgröße dar. Diese Betriebsweise erwies sich als robust und ermöglichte eine Entkopplung der Mittel- und Niederspannungsebene. Aufgrund dieser Entkopplung kann eine deutliche Aufweitung der Spannungsbänder in beiden Spannungsebenen zugelassen werden, welches einen klassischen Netzausbau reduziert und somit den zentralen Vorteil / Nutzen dieser neuen Technologie darstellt. Da nur eine geringe Messinfrastruktur notwendig ist, ist weiterhin eine einfache Inbetriebnahme zu erwarten. Gleichzeitig fehlen in diesem Fall jedoch Informationen über die Spannungsverhältnisse im NS-Netz, sodass mögliche Spannungs-Spreizungen zwischen Netzausläufern mit hoher dezentraler Energie-Einspeisung und Netzausläufern mit gleichzeitig hohem Energie-Bezug die gewünschte Aufweitung der Spannungsbänder begrenzen und in der klassischen Netzplanung weiterhin Berücksichtigung finden müssen.

Dagegen können in einem sinnvoll gewählten Multisensorbetrieb derartige Spreizungen erkannt werden; ein Ausregeln dieser Spannungsdifferenzen kann im Extremfall jedoch nicht vorgenommen werden. Für die Auswahl der zu nutzenden Messorte und deren Anzahl sind detaillierte Kenntnisse über die Netztopologie- und die Netzaufgabe notwendig. Wie eine optimale Kombination der Messgrößen als Regler-Eingangsgröße aussieht, konnte im Rahmen dieser Orientierungsstudie als weiterer Forschungsbedarf identifiziert werden. Durch die Simulationsergebnisse besteht die berechtigte Vermutung, dass durch den Einsatz eines Multisensorbetriebes eine stärkere Aufweitung der Spannungsbänder und somit eine weitere Verringerung des klassischen Netzausbaubedarfs möglich ist. Dem gegenüber steht jedoch der erhöhte Aufwand für die notwendige Mess- und Kommunikationstechnik, sowie eine aufwendigere Parametrierung und Inbetriebnahme. Diese Aspekte müssen in zukünftigen Forschungsarbeiten gegeneinander aufgewogen werden.

Im Rahmen der Orientierungsstudie ist weiterhin die Frage diskutiert worden, inwieweit es zu einer gegenseitigen Beeinflussung mehrerer spannungsregelnder Komponenten im Netz kommen kann. Diesbezüglich konnte für den Monosensorbetrieb festgestellt werden, dass weder eine kritische Schwingungsanregung im Parallelbetrieb mehrerer rONT noch mit meinem vorgelagerten Hochspannungs- / Mittelspannungs- (HS- / MS-) Transformator oder einer spannungsregelnden Erzeugungsanlage im NS-Netz festgestellt werden konnte.

Allgemein ist festzuhalten, dass die Höhe der Stufenspannung einen unmittelbaren Einfluss auf den erzielbaren Nutzen (Ausweitung der Spannungsbänder, Erhöhung des erlaubten Spannungshubes) hat. Eine Erhöhung der Stufenspannung erfordert eine Vergrößerung des Regler-Totbandes, sodass die für netzseitige Spannungsänderungen zur Verfügung stehenden Spannungsbänder verkleinert werden. Die Höhe der zu wählenden Stufenspannung ergibt sich wiederrum von der zur Verfügung stehenden Stufenanzahl und der planerisch abzudeckenden Spreizung der vorgelagerten Mittelspannung. Gleichzeitig stellt eine Erhöhung der Stufenanzahl einen unmittelbaren Kostentreiber dar und steht im Widerspruch zu der Forderung nach einer kompakten Bauweise.

2. Einführung

2.1 Motivation / Aufgeworfene Fragestellungen

Die E.ON Avacon sieht sich als regionaler Verteilnetzbetreiber im besonderen Maße mit dem Ausbau der regenerativen Energiequellen konfrontiert. Neben dem enormen Ausbau der Nutzung der Windenergie in den vergangenen zwei Jahrzehnten, welche vornehmlich die Mittel- und Hochspannungsnetze betroffen hat, ist in der näheren Vergangenheit ein rasantes Wachstum auf dem Gebiet der Fotovoltaik zu beobachten. Diese Anlagen werden zu einem großen Teil in den Niederspannungsnetzen (NS-Netzen) angeschlossen und stellen den Netzbetreiber vor eine völlig geänderte Netzaufgabe, welche vielfach zu einem erheblichen Netzausbaubedarf führt. Die sich ergebenden Effekte werden durch die zusätzliche Einbindung von Mikro- und Mini-Blockheizkraftwerken in die Verteilnetze weiter verstärkt. Neben dieser Zunahme an dezentralen Energie-Erzeugungsanlagen ist weiterhin einem sich ändernden Verbrauchsverhalten Rechnung zu tragen. Dieses wird sich durch die aufkommende Elektromobilität als auch durch den Einsatz von Wärmepumpen und Klimaanlagen stark verändern und erhöhte Anforderungen an den Verteilnetzbetrieb stellen. An dieser Stelle sei für weitergehende Informationen an die im Auftrag der EAV ebenfalls am EFZN durchgeführte Vorstudie „Netzvision 2020“ und das aktuelle gemeinsame Forschungsprojekt „e-home –Energieprojekt 2020“ verwiesen. Diesen neuen Aufgabenstellungen begegnet die E.ON Avacon (EAV) zum Einen durch klassischen Netzausbau, zum Anderen aber auch durch die Erprobung und den zukünftigen Einsatz innovativer Technologien. Hierzu zählt auch der Einsatz des neuen Betriebsmittels „regelbarer Ortsnetztransformator“ (rONT). Für dieses Betriebsmittel liegen weder Betriebserfahrungen noch genauere Spezifikationen vor. Aus diesem Grund führt die EAV einen Feldversuch zum Sammeln praktischer Erfahrungen in ihrem Netzgebiet durch und beauftragt weiterhin das Energie-Forschungszentrum Niedersachsen (EFZN) zur Durchführung dieser Orientierungsstudie.

Ziel dieser Studie ist es, erste theoretische Erkenntnisse bezüglich des neuen Betriebsmittels rONT zu gewinnen, prinzipielle Anforderungen an einen späteren Serientyp zu definieren und potenziell auftretende Spannungsfelder sowie notwendige wissenschaftliche Vertiefungen aufzuzeigen.

2.2 Aufbau und Ziele der Orientierungsstudie

Zur Untersuchung dieses neuen Betriebsmittels werden im Rahmen dieser Studie zunächst die möglichen Anforderungen an den rONT und die damit verbundene Netzaufgaben analysiert. Im Mittelpunkt steht dabei die Frage, welche Dynamiken durch Last- und Erzeugungsschwankungen in einem NS-Netz zu erwarten sind. Hierfür werden im Kapitel 3 zeitlich hoch aufgelöste Haushalts-Lastprofile betrachtet und diese im Ergebnis zu repräsentativen Summenlastprofilen überlagert. Zusätzlich wird eine messtechnische und simulative Untersuchung der Einspeise-Charakteristik von Fotovoltaik-Anlagen (PV-Anlagen) durchgeführt und mögliche Anforderungen an den Betrieb eines rONT abgeleitet.

In dem sich anschließenden Kapitel werden typische Regelverfahren, wie sie für HS-/MS-Transformatoren eingesetzt werden, erläutert und das später implementierte Regelverfahren ausgewählt. Des Weiteren werden im Kapitel 4 die für die Simulationen verwendeten Netzstrukturen vorgestellt. Die Parameter dieser stark vereinfachten Netzstrukturen werden dabei anhand realer Netzdaten, welche durch die EAV zur Verfügung gestellt wurden, abgeleitet.

In Kapitel 5 wird zunächst die Frage beantwortet, welche normativen Anforderungen an den Betrieb eines rONT bestehen. Hierauf anschließend wird das neue Betriebsmittel rONT durch den Einsatz dynamischer Untersuchen analysiert und anhand der erzielten Ergebnisse weitergehende Anforderungen definiert. Untersuchungsgegenstand sind dabei die Fragestellungen, ob eine Entkopplung der MS- und NS-Netzebene möglich ist und inwieweit Spannungsschwankungen im NS-Netz ausregelbar sind. Weitere dabei behandelte Punkte sind mögliche Wechselwirkungen mit weiteren spannungsregelnden Einheiten im NS-Netz, das Zusammenspiel von HS-/MS-Transformator und rONT, der Parallelbetrieb von zwei rONT an einem NS-Netz hinsichtlich Schwingungsanregung und Kreisstromproblematik sowie die Schalthäufigkeit.

Kapitel 5.5 behandelt schließlich die Fragestellung nach optimaler Stufenspannung und Stufenanzahl. Hierbei werden die Wirkzusammenhänge erläutert und mögliche Auswirkungen einer Reduzierung / Erhöhung der Stufenanzahl auf den Nutzen (Erhöhung der Aufnahmekapazität an dezentral erzeugter Energie, Erhöhung des zulässigen Spannungshubes) eines rONT aufgezeigt.

In Kapitel 6 wird abschließend ein Fazit gezogen, um hierauf aufbauend in Kapitel 7 die herausgearbeiteten Fragestellungen, welche Gegenstand weiterführender Untersuchungen sein könnten, zu formulieren.

3. Bildung einer repräsentativen Last und Erzeugungsstruktur

3.1 Generelle Untersuchungen zum Last- und Erzeugungsverhalten

3.1.1 Lastverhalten

3.1.1.1 Charakteristische Profile

Als Datengrundlage liegt ein anonymisiertes E.ON Avacon-Netzgebiet mit den entsprechenden Werten von 24 Netzknoten vor. Auf dieser Basis erfolgt eine Auswertung der einzelnen Knotenprofile, um daraus eine Klassifizierung der Haushaltstypen zu generieren.

Dabei ist für einige Knoten ein charakteristisches Profil in Form eines „gewöhnlichen" Verhaltens erkennbar: dies sind zum einen ausgeprägte reine Verbraucher und zum anderen ausgeprägte Mischformen aus Verbraucher respektive Erzeuger. Beispiele dafür finden sich jeweils in den beiden nachfolgenden Abbildungen.

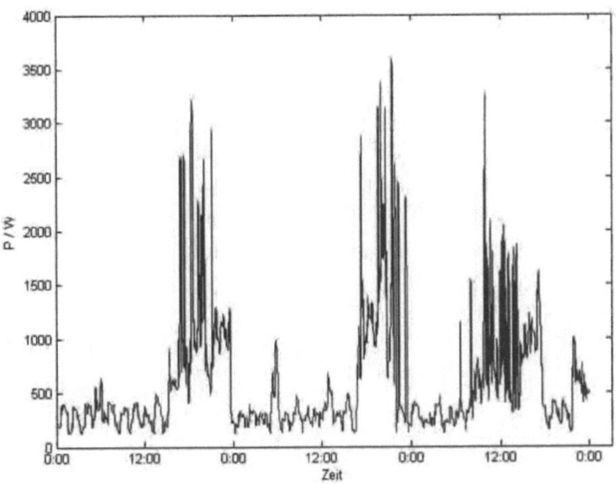

Abbildung 3-1: Exemplarisches Lastprofil eines ausgeprägten Verbrauchers

Erkennbar ist eine gewisse Grundlast, ergänzt um eine bestimmten (dynamischen) Hub im Tagesverlauf. Die ausgeprägte Mischform aus Verbraucher respektive Erzeuger dagegen zeichnet sich durch ein Grundlastniveau aus, welches nahe Null liegt (oft zwar gering, aber signifikant über Null). Ergänzt wird dies Profil einerseits durch klar abgegrenzte (positive) Lasthübe (Verbraucherverhalten) als auch andererseits durch klar abgegrenzte (negative) Lasthübe (Erzeugerverhalten).

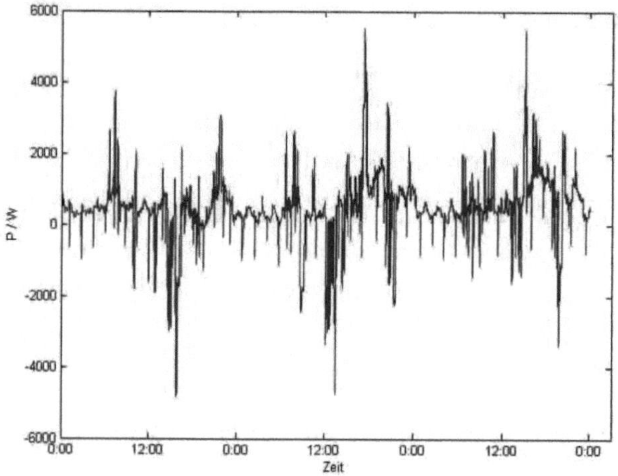

Abbildung 3-2: Ausgeprägte Mischform aus Verbraucher respektive Erzeuger

Im Gegensatz zu diesen „gutartigen" Profilen finden sich auch pathologische Fälle, die sich durch ihren besonderen Verlauf auszeichnen. Zuerst sei das Beispiel einer starken Dynamik im Zeitverlauf genannt.

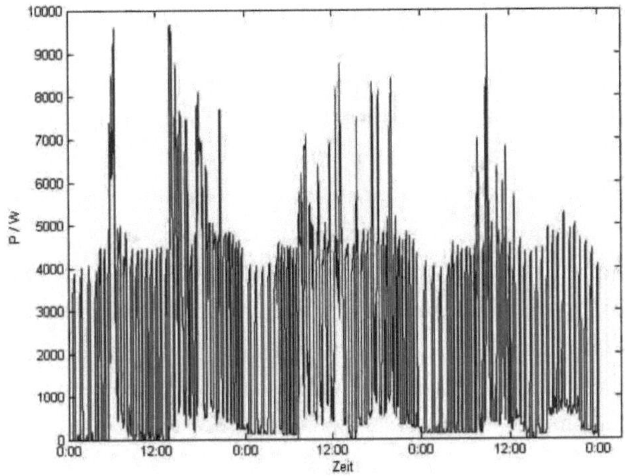

Abbildung 3-3: Starke Dynamik im Zeitverlauf

Bis auf einzelne signifikante Lasthübe stellt sich ein gewisses starkes Rauschen dar. Ein anderes Beispiel ist jenes der ausgeprägten einzelnen Hübe.

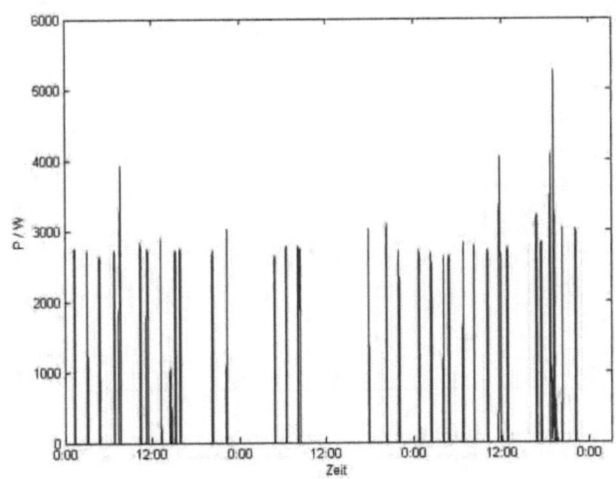

Abbildung 3-4: Ausgeprägte Hübe

Die einzelnen Hübe sind klar definiert, ein gewisses Grundverhalten ist dagegen nicht zu erkennen.

3.1.1.2 Glättung durch Zusammenführung

Im Folgenden wird der Versuch unternommen, ein sogenanntes Summenprofil zu erstellen. Dieses ergibt sich durch die Zusammenführung der ursprünglichen 24 Knoten, wobei jeweils der Verlauf von drei Tagen auf einen zusammengefasst wird. Somit entspricht dies der Zusammenführung von insgesamt 72 Knoten für jeweils einen Tag. Unter den 24 ursprünglichen Knoten sind sämtliche Kategorien vertreten: sowohl gewöhnliches Verhalten in Form eines klar definierten Verbrauchers oder der Mischform aus Verbraucher respektive Erzeuger – als auch pathologisches Verhalten wie starke Dynamik oder ausgeprägte Hübe. Durch die Summenbildung ergibt sich eine gewisse Glättung des Summenprofils, so dass starkes Rauschen nicht zu erkennen ist. Außerdem weist das Summenprofil „gutartiges" Verhalten auf: es zeigt keine pathologische Prägung, sondern annähernd ein gewöhnliches Tagesverhalten.

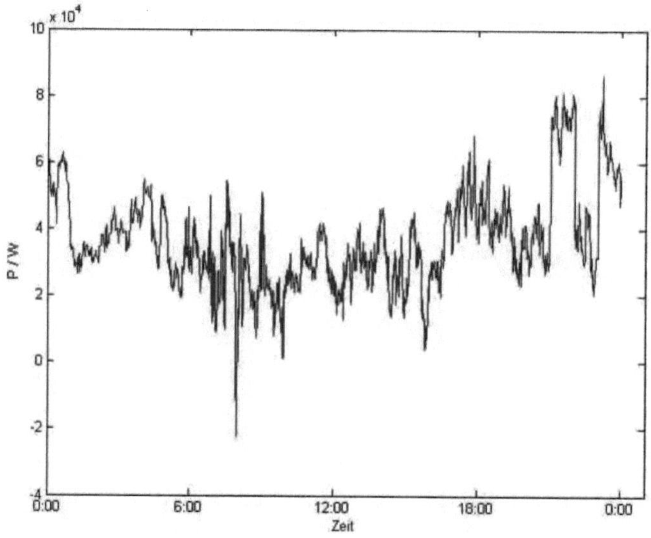

Abbildung 3-5: Summenprofil (Tageslastgang) aus 3*24=72 Knoten

Eine vergleichbare Charakteristik weist auch der Lastgang der ONS Trüben (UW Zerbst, beliebiges, aber bestimmtes Datum) als konkretes Beispiel für ein natürlich generiertes Summenprofil auf.

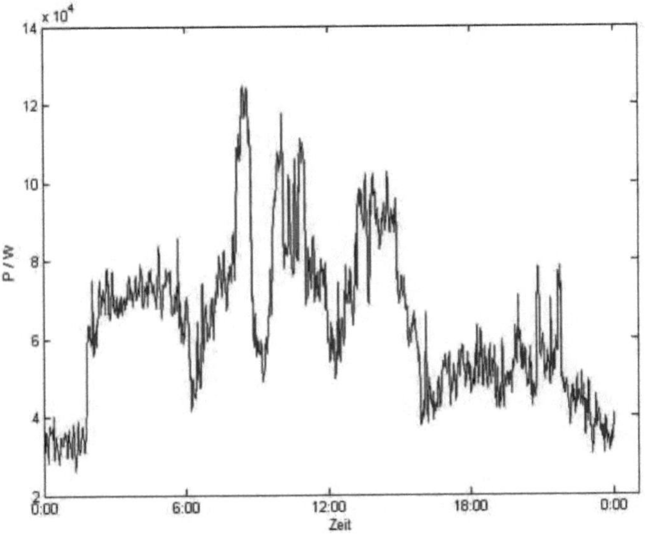

Abbildung 3-6: Lastgang ONS Trüben (UW Zerbst)

3.1.2 Vermessung einer PV-Anlage

Im Rahmen dieser Orientierungsstudie ist die Frage, welche Dynamiken durch die Einspeisung von PV-Anlagen zu erwarten ist, von besonderem Interesse. Aus diesem Grund wurde die zur Verfügung stehende PV-Anlage des Institut für Elektrische Energietechnik (IEE) mit einer hochaufgelösten Messtechnik ausgestattet und deren Einspeiseverhalten über einige Tage vermessen und ausgewertet. Zur Realisierung von 0.1 s Mittelwerten wurde ein dSPACE-Messsystem mit entsprechenden Stromzangen und Differentialtastköpfen zur Spannungsmessung verwendet. Die Erzeugungsanlage hat eine Peakleistung von 2.3 kW. In der folgenden Abbildung ist der Verlauf der Einspeiseleistung am 30. Juli 2010 dargestellt. Um eine sinnvolle Bildung des sich ergebenden Leistungsgradienten zu ermöglichen, muss ein Tiefpassfilter aufgrund der notwendigen Differentialbildung verwendet werden. Im Ergebnis wurde das Mittelungsintervall auf 1 s erhöht.

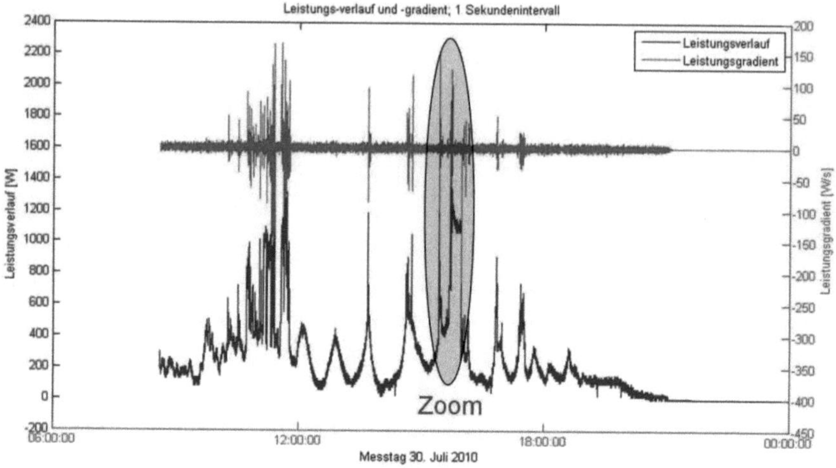

Abbildung 3-7: Gemessener Verlauf der eingespeisten Leistung und errechneter Leistungsgradient an einem exemplarischen Messtag; Auswahl eines markanten und im Folgenden näher untersuchten Zeitbereich

Der zeitliche Verlauf zeigt starke Variationen der eingespeisten Leistung über den Tag verteilt, was auf eine teilweise wolkigen, aber nicht bedeckten Himmel schließen lässt. Um diese näher auszuwerten, wird im Folgenden der mit „Zoom“ gekennzeichnete Zeitbereich, welche eine Extremsituation für den dargestellten Tag darstellt, betrachtet.

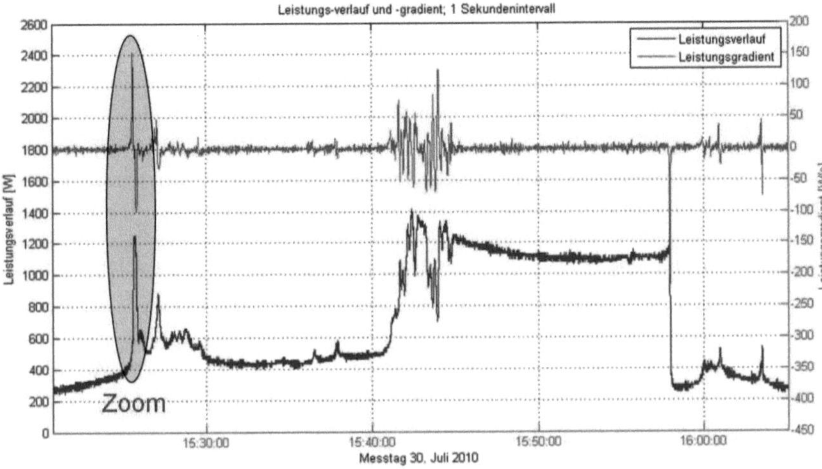

Abbildung 3-8: Ausgewähltes Zeitfenster aus Abbildung 3-7 und weitere Fokussierung

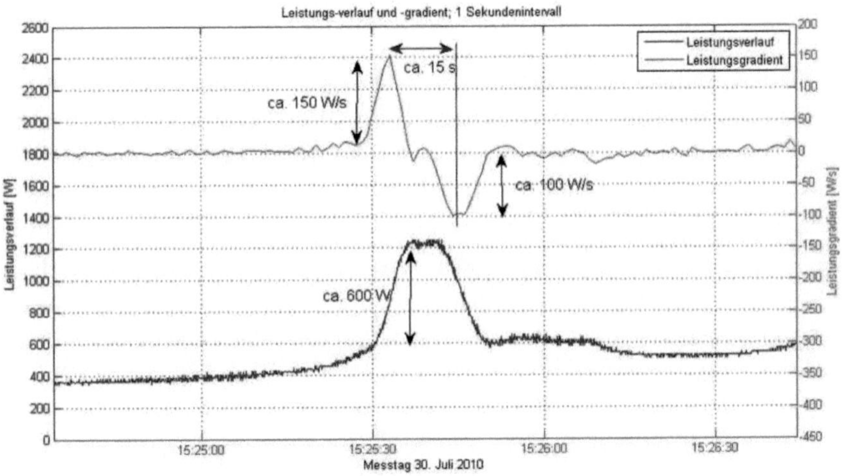

Abbildung 3-9: Ausgewähltes Zeitfenster aus Abbildung 3-8 sowie deren grafische Auswertung

Aus Abbildung 3-9 wird ersichtlich, dass ein Leistungsanstieg und anschließender –abfall von ca. 600 W innerhalb von 15 s zu beobachten ist. Dabei bilden sich Leistungsgradienten von bis zu 150 W/s aus. Eine analoge Auswertung aller Messdaten ist der folgenden Tabelle zu entnehmen:

Tabelle 3-1: Ergebnisse der durchgeführten Messkampagne

Tag der Messung	max. Leistungsanstieg [W/s]	max. Leistungsabfall [W/s]
30.07	166,52	-217,31
31.07	254,79	-311,18
01.08	269,29	-276,28
02.08	104,14	-125,93
03.08	203,64	-198,31
05.08	249,12	-238,97

Im Ergebnis kann festgestellt werden, dass während der Messkampagne maximale Leistungsgradienten von ca. 300 W/s festgestellt werden konnten. Dieses entspricht – bezogen auf die Anlagenleistung – einem Leistungsgradienten von ca. 13 %. Um diese zeitlich stark eingeschränkten Messungen vergleichen zu können, wird im folgenden Kapitel ein Simulationsmodell vorgestellt, welches im Rahmen einer studentischen Arbeit entstanden ist. Dieses bildet eine anhand von Literaturwerten kritische Wettersituation ab und ist weiterhin in der Lage, das Verhalten eines Anlagenverbundes nachzubilden. Bereits jetzt kann vermutet werden, dass es bei einer Vielzahl von räumlich verteilten Anlagen zu einer Vergleichmäßigung der Erzeugungsleistung kommen wird.

3.1.3 Simulationsmodell für das Verhalten eines Anlagenverbundes

Im Rahmen einer studentischen Arbeit wurde zunächst eine Literaturrecherche zu dem Themen Energiemeteorologie und möglicher Fluktuationen der Globalstrahlung durchgeführt. Dabei wurde festgestellt, dass die exemplarische Messung, welche im vorherigen

Kapitel beschrieben wurde, keine kritische Wettersituation wiederspiegelt. Es stellt sich heraus, dass sich die höchsten Fluktuationen bei Kombination folgender Wetterparameter ergeben:

- Starke Einstrahlung
- Mosaikartige Wolkenfelder
- Geringe Transmittanz der Wolken
- Hohe Windgeschwindigkeiten

Die soeben beschriebenen Randbedingungen können z.B. an einem Sommertag gegen Mittag mit Cumuluswolken (oder auch Quellwolken) und starkem Wind auftreten. Die Bewölkung stellt, in Verbindung mit der Windgeschwindigkeit, die mit Abstand größte Ursache für Fluktuationen im Strahlungsangebot und damit für den Leistungsgradienten von PV-Anlagen dar.

Diese Wetterbedingungen wurden im Folgenden mit Hilfe eines Matlab-Modells nachgebildet. Die Windgeschwindigkeit wurde dabei mit 65 km/h, die Wolkentransmittanz mit 0,3 und die vorhandene Globalstrahlung mit ca. 900 W/m^2 angenommen. Durch die Verwendung dieser Parameter ergibt sich eine kritische Wettersituation, welche bei Betrachtung einer Anlage zu einem Leistungsgradienten von maximal 66,7 % bezogen auf die Nennleistung führt.

Im weiteren Verlauf der Arbeit wurde auf einer Fläche von 300 m x 300 m, welche in Anlehnung an das Versorgungsgebiet einer Ortsnetzstation gewählt wurde, die Anlagenanzahl variiert (5, 20 und 100 Anlagen jeweils mit einer Leistung von 2,1 kW) und diese willkürlich auf der Fläche angeordnet. Anschließend wurden eine Vielzahl von Simulationen unter Variation der Wolkenanzahl / Wolkenform und des Bedeckungsgrades durchgeführt. Alle Annahmen wurden auf Grundlage der Literaturrecherche getroffen und an diesen gespiegelt. Das Simulationsmodell sowie dessen Visualisierung sind den folgenden Abbildungen zu entnehmen.

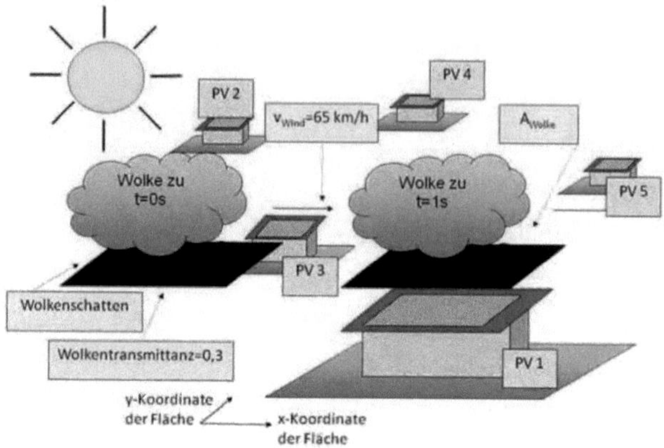

Abbildung 3-10: Darstellung des Beispiels für die durch Bewölkung verursachte Fluktuation im Strahlungsangebot von 5 PV-Anlagen

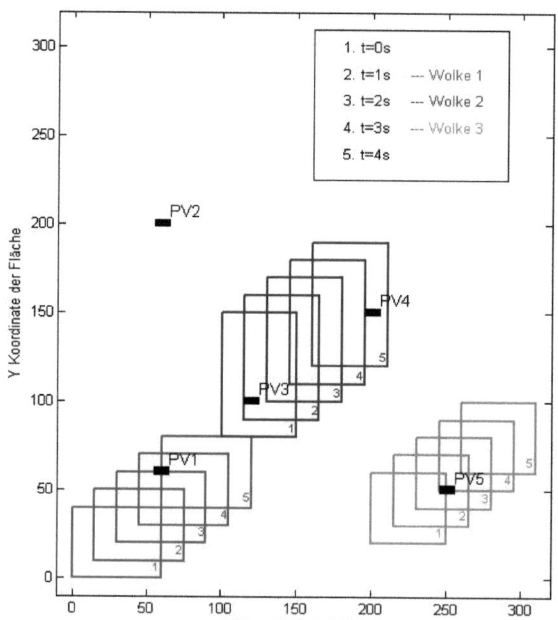

Abbildung 3-11: Darstellung der Wolkenposition bezgl. der angeordneten 5 PV-Anlagen

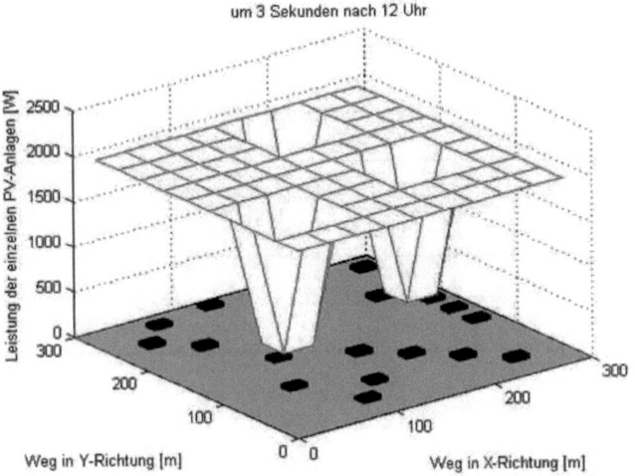

Abbildung 3-12: Dreidimensionale Darstellung des Simulationsvorganges. Dargestellt sind die Grundfläche (grün), die Anordnung der angenommenen PV-Anlagen (schwarz) sowie die wirkende Globalstrahlung, welche durch den Wolkenzug partiell vermindert wird.

Die erzielten Ergebnisse können der Tabelle 3-2 entnommen werden. Es zeigt sich, dass durch eine Erhöhung der Anlagenanzahl eine deutliche Vergleichmäßigung der Abgabeleistung erzielt werden kann. Insbesondere die prozentualen Angaben verdeutlichen diese Aussage. Weiterhin kann der Tabelle entnommen werden, dass auch die absoluten Leistungsänderungen bei einer insgesamt angeschlossenen Erzeugungsleistung von mehr als 200 kW_P mit ca. 10 kW moderat ausfallen und für eine Niederspannungsnetz unproblematisch sein dürften. Darüber hinaus lässt sich aus den Ergebnissen ableiten, dass der Aufzug einer Wolkenfront (wie er beispielhaft vor einem Gewitter denkbar wäre) tendenziell zu höheren Leistungsgradienten führt, als dieses bei einer Vielzahl von Wolken der Fall ist.

Tabelle 3-2: Simulationsergebnisse unter Variation der Anlagenzahl und Bewölkungsart

Anlagenanzahl	max. Leistungsänderung in kW/s (% von $P_{sum,peak}$)
1	1,4 (66,7%)
5	2,0 (18,9%)
20	2,9 (6,6%)
20 (Wolkenfront)	4,3 (9,8%)
100	10,2 (4,6%)

3.2 Verwendete Last- und Erzeugungsprofile

Bei einigen der durchgeführten Untersuchungen wurden gemessene Verläufe in den Simulationen als Eingangsgröße gewählt. Die verwendeten Messdaten stammen bis auf einen Lastgang aus einer im Rahmen des Forschungsprojektes „Effiziente Integrationsmöglichkeiten von dezentralen Erzeugungsanlagen in Mittel- und Niederspannungsnetze“ durchgeführten Langzeit-Messkampagne und wurden nach Sichtprüfung ausgewählt. Ein weiterer Lastgang ist aus Haushaltsmessungen der EON-Avacon generiert worden (siehe Abschnitt 3.1.1).

3.2.1 Lastprofile

Das Lastprofil aus Abbildung 3-13 wurde gebildet, indem 72 Tageslastgänge überlagert wurden, wobei die 72 Tageslastgänge von 24 unterschiedlichen Haushalten stammen und von jedem jeweils drei unterschiedliche Tage zur Mittelwertbildung herangezogen wurden. An dieser Stelle sei festgehalten, dass der ermittelte Verlauf nicht ansatzweise einem Standardlastprofil z.B. vom Typ H0 entspricht.

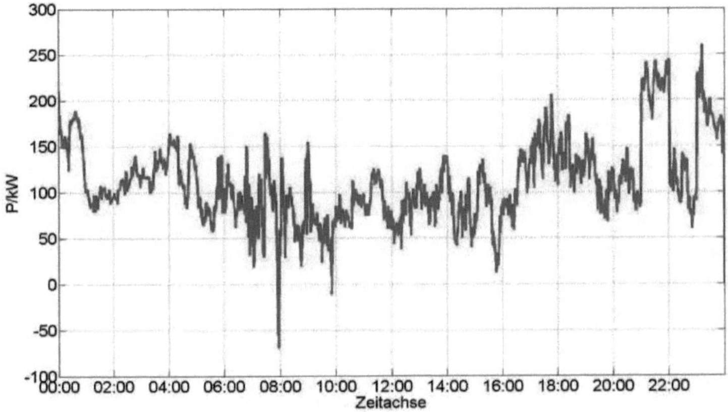

Abbildung 3-13: Verwendetes Lastprofil, generiert durch Überlagerung einzelner Haushalts-Lastprofile

Der Lastgang aus Abbildung 3-14 stammt wie oben erwähnt aus der Messkampagne Zerbst. Dieser Lastgang wurde herangezogen, da die hier auftretenden Leistungsspitzen von den zur Verfügung stehenden Lastgängen am ehesten denen eines H0-Profils entsprechen.

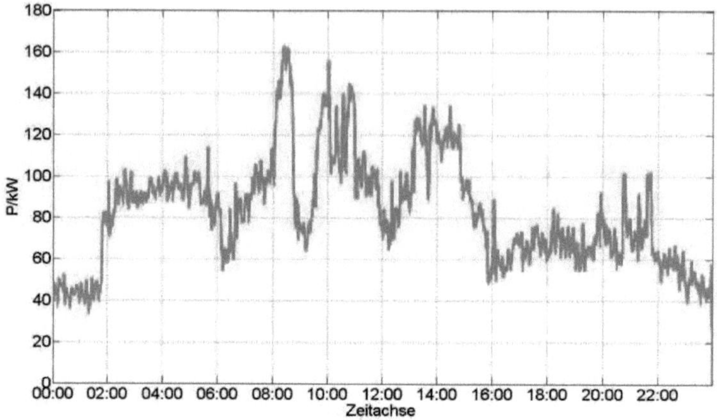

Abbildung 3-14: Verwendetes Lastprofil aus Messkampagne Zerbst

3.2.2 Erzeugungsprofil

Bei dem in Abbildung 3-15 zu sehenden Erzeugerprofil handelt es sich um einen hochskalierten Lastgang einer größeren Fotovoltaikanlage, die in einem Niederspannungsnetz angeschlossen ist. Dieser Lastgang wurde benutzt, da er einen wahrscheinlich durch Wolkenzug bedingten, starken kurzfristigen Einbruch der Leistung zur Mittagszeit besitzt.

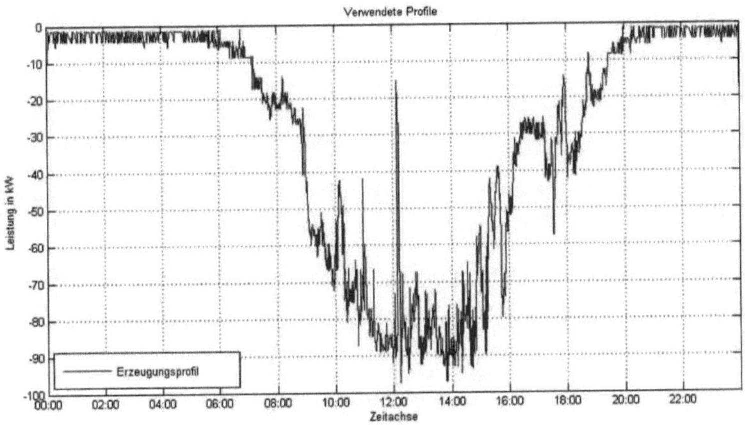

Abbildung 3-15: Verwendetes Erzeugungsprofil

4. Verwendete Reglerstruktur, Eingangsgrößen und Netztopologien

4.1 Zur Verfügung stehende Reglerstrukturen und deren Anwendung

Da geregelte Stufentransformatoren bisher keinen Einsatz als MS- / NS- Transformator hatten, wurden als Basis für die Untersuchungen vorhandene und erprobte Reglerkonzepte, wie sie bei HS-/MS-Transformatoren zum Einsatz kommen, genutzt.

Ein Spannungsregler für Stufentransformatoren arbeitet typischerweise in die folgenden Bereichen (siehe Abbildung 4-1), welche durch die Spannungsgrenzen G1 – G8 definiert werden:

- Bereich 0: Zulässiger Arbeitsbereich oder Totband
  In diesem Bereich wird der Regler stillgesetzt.
- Bereich 1: Arbeitsbereich des Reglers (zwischen Totband und G4 bzw. G6)
  Hier arbeitet der Regler entsprechend seines vorgegebenen Programms.
- Bereich 2: Zusätzlicher Arbeitsbereich des Reglers (G4 und G2 bzw. G6 und G3)
  Je nach Reglerprogram wird ein zweiter Arbeitsbereich des Reglers genutzt.
- Bereich 3: Schnellrück bzw. Schnellvorschaltung (zwischen G2 und G1 bzw. G3 und G8)
  Befindet sich die Spannung in diesem Bereich wird sofort ein Stufenbefehl ausgeführt.
- Bereich 4: Stillsetzung (über G1 und unter G8)
  Befindet sich die Spannung in diesen Bereichen, wird der Stufenregler stillgesetzt.

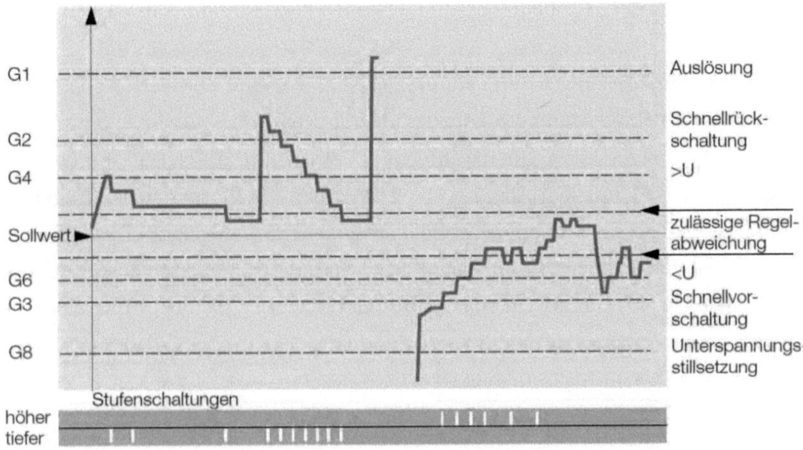

Abbildung 4-1: Arbeitsbereiche eines Transformatorreglers
[Quelle: A. Eberle Dokumentation ReG-D][1]

Wenn der Regler in seinem „normalen" Arbeitsbereich (Bereich B1) arbeitet, ist eine Anforderung an sein Regelverhalten, dass er große Abweichungen der Spannung von ihrem zulässigen Bereich schnell, und geringe Abweichungen langsam ausregelt (wie in Abbildung 4-1 zu sehen). Dieses Verhalten wird genutzt, um bei kurzzeitigem oder geringfügigem Verlassen des zulässigen Bereiches unnötige Stufungen zu verhindern. Dieses Verhalten wird mit der in Abbildung 4-2 zu sehenden Struktur realisiert.

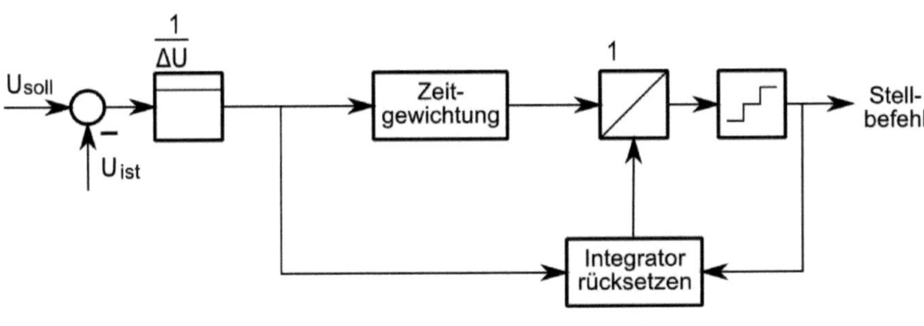

Abbildung 4-2: Implementierte Reglerstruktur

[1] Bedienungsanleitung Spannungsregler REG-D™ (A.Eberle GmbH & Co. KG; Stand: 12.02.2009/03)

Die Funktionsweise der in Abbildung 4-2 zu sehenden Reglerstruktur kann wie folgt erläutert werden:
Zunächst wird die Regelabweichung auf das zulässige Totband normiert, so dass die Regelabweichung 1 beträgt, wenn das Totband überschritten wird. Wenn die normierte Regelabweichung größer eins ist, gibt das Integratorrücksetzglied die Freigabe für den Integrator, und dieser beginnt den Ausgang des Zeitgewichtungsblockes auf zu integrieren. Wenn der Ausgang des Integrators Eins oder entsprechend Minus-Eins erreicht, gibt das Dreipunktglied den Stellbefehl zum Herauf- bzw. Herunterstufen. Nach ausgelöstem Stufenbefehl wird der Integrator wieder auf null zurückgesetzt. In der oben zu sehenden Implementierung wird das verwendete Regelverfahren über unterschiedliche Funktionen, die im Block Zeitgewichtung hinterlegt werden, realisiert.

Die beidem am häufigsten verwendeten Regelverfahren sind die folgenden:

- Beim Verlassen des Totbandes wird nach einer festen Wartezeit der Stufenbefehl ausgeführt. Hier wird meist die Spannung in zwei Stufen bewertet, sodass unterhalb einer Schwelle nach der Zeit T1 und oberhalb der Schwelle nach der Zeit T2 geschaltet wird. Realisiert wird dieses Verhalten mit Hilfe eines Zweipunktgliedes als Zeitgewichtung (siehe Abbildung 4-3 links; Name des Regelverfahrens bei A.Eberle "Const[2]", bei Maschinenfabrik Reinhausen "Linear[3]").
- Die Abweichung vom Totband wird laufend gewichtet und aufsummiert. Wenn eine Schwelle überschritten wird, wird der Schaltbefehl ausgegeben. Realisiert wird dieses Verhalten mit Hilfe eines P-Gliedes mit Zeitgewichtung (siehe Abbildung 4-3 rechts; Name des Regelverfahren bei A.Eberle "ΔU*T=CONST[4]", bei Maschinenfabrik Reinhausen "Integral[5]").

---

[2] Bedienungsanleitung Spannungsregler REG-D™ (A.Eberle GmbH & Co. KG; Stand: 12.02.2009/03)

[3] Bedienungsanleitung Spannungsregler TAPCON® 230 basic (Maschinenfabrik Reinhausen GmbH; Stand 2009)

[4] Bedienungsanleitung Spannungsregler REG-D™ (A.Eberle GmbH & Co. KG; Stand: 12.02.2009/03)

[5] Bedienungsanleitung Spannungsregler TAPCON® 230 basic (Maschinenfabrik Reinhausen GmbH; Stand 2009)

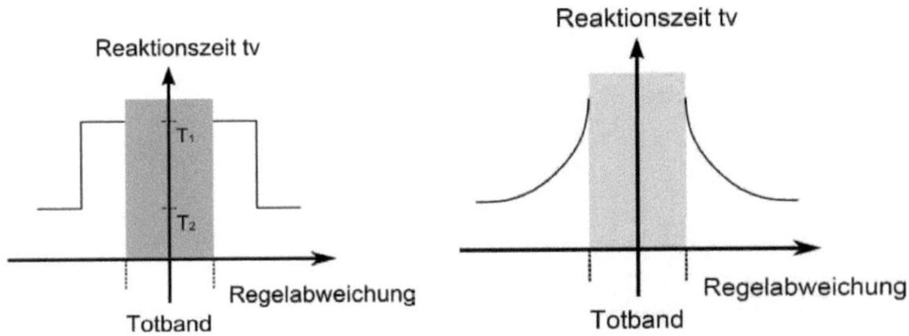

Regelverfahren: „Const“ Regelverfahren: „ΔU*T=CONST“

Abbildung 4-3: Standard Regelverfahren bei Stufentransformatoren

4.2 Verwendete Anregungen

Bei den verwendeten Anregungen sind prinzipiell zwei Typen zu unterscheiden:

- Zeitreihen erstellt aus realen Messdaten (Beispiel: Abbildung 4-4)
- Synthetisch erstellte Zeitreihen / Testprofile (Beispiel: Abbildung 4-5)

Die aus den realen Messdaten erstellten Zeitreihen werden genutzt, um die prinzipielle Wirkungsweise des rONT zu untersuchen. Hierbei stellt sich auch die Frage, bei welchen Regelverfahren der rONT unter welchen Bedingungen stuft. Diese Untersuchungen wurden ausschließlich mit Netz 1 durchgeführt.

Die synthetischen Zeitreihen dienen zur Untersuchung bestimmter spezifischer Zusammenhänge und Effekte. Sie sind, wie in Abbildung 4-5 dargestellt, meist sprung- oder treppenförmig.

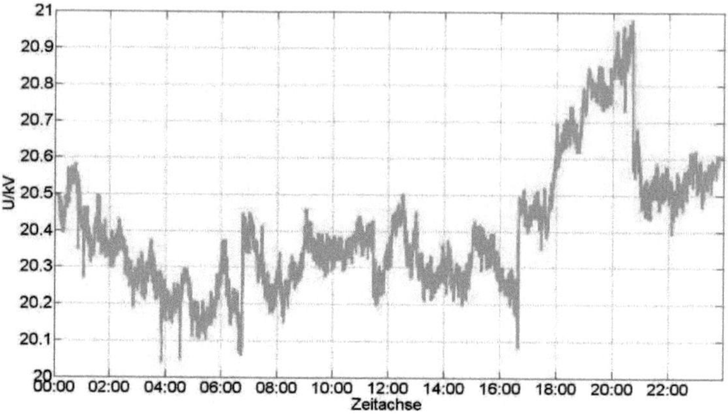

Abbildung 4-4: Spannungsprofil zur Anwendung in der Netzstruktur 1

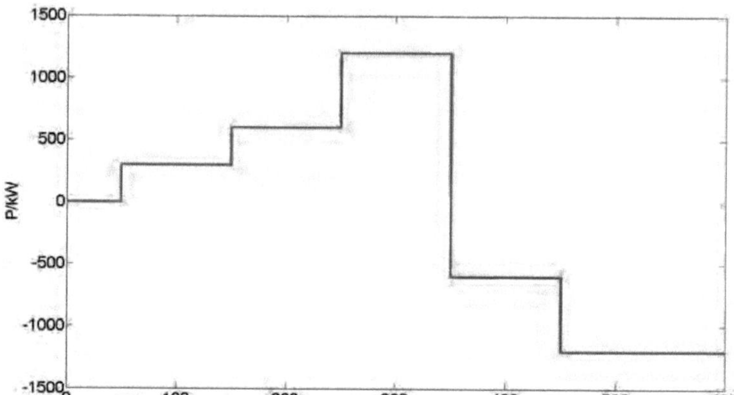

Abbildung 4-5: Exemplarisches Testprofil zur Anwendung in der Netzstrukturen 2-4

4.3 Verwendete Netzstrukturen

4.3.1 Allgemeine Angaben

Im Rahmen der Orientierungsstudie wird aufzeigt, inwieweit dynamische Wechselwirkungen zwischen dem neuen Betriebsmittel rONT und dem Gesamtsystem Netz auftreten können. Im Speziellen lauten die Fragestellungen:

- Wie wirken sich Leistungsschwankungen (z.B. durch Wolkenzug an PV-Anlagen verursachte Leistungsgradienten) auf das Spannungsprofil aus?
- Welche Messwerte bieten sich für eine Spannungsführung im NS-Netz an?
- Entstehen Wechselwirkungen mit anderen im Netz befindlichen Komponenten?

Es werden generelle Auswirkungen und Beeinflussungen von rONT betrachtet, so dass verschiedene Netzparameter (Leitungslänge/typen, Lasten/Erzeuger ...) variiert werden müssen. Dies würde bei realen Netzstrukturen zu einer nicht überschaubaren Anzahl von zu verändernden Parametern führen. Daher werden die Untersuchungen an Netzstrukturen mit reduzierter Ordnung durchgeführt.

Zur Bestimmung realistischer Parametergrößen für die reduzierten Netze werden diese anhand eines realen Netzes (Kronsbruch) abgeleitet, um die möglichen Effekte aufzuzeigen.

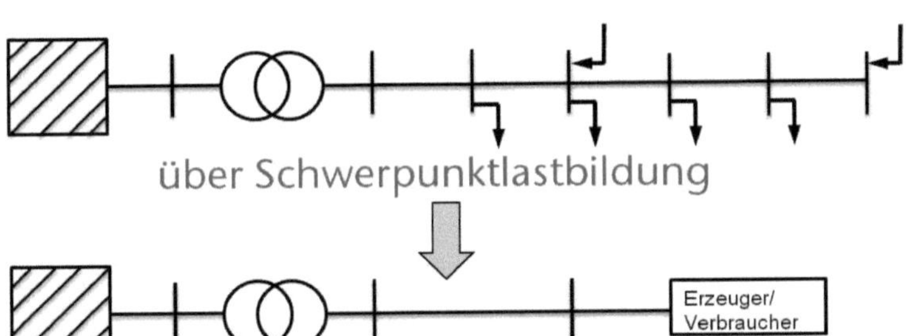

Abbildung 4-6: Prinzipielle Darstellung der durchgeführten Netzreduktion, in diesem Fall eine durchgeführte Schwerpunktsbildung

Als Basis für die Leitungslänge wurde in dem Netz Kronsbruch eine durchschnittliche Stranglänge von 877 m ermittelt. Für die Schwerpunktbildung wird diese Länge auf 1 km aufgerundet, damit ergibt sich ein Lastschwerpunkt von 500 m. Als Leitungstyp wird unabhängig von dem bei EAV verwendeten Standardtyp ein Kabel vom Typ NYY 120mm^2 verwendet.

Der Transformator wird durch seine Kurzschlussimpedanz mit vorgelagertem idealen Übertrager nachgebildet (siehe Abbildung 4-7). Als Standard-Ortsnetztransformator wird ein 400 kVA-Transformator gewählt. Damit ergibt sich als Transformatorimpedanz ein Wert $Z = 0.005\,\Omega + j\,0.015\,\Omega$ bei einer Kurzschlussspannung von 4 % (nach DACHCZ 2007[6]).

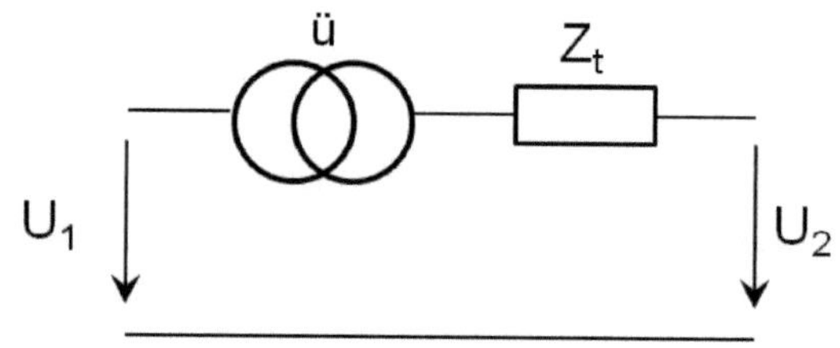

Abbildung 4-7: Verwendetes Transformatormodell

Als Stufenbreite bzw. Stufenspannung wird ein Wert von 2,5 % der Nennspannung in Verbindung mit einer Stufenanzahl von ±4 Stufen gewählt. Diese Kombination wird gewählt, weil sie bei einer verhältnismäßig geringen Stufenzahl die maximal zulässige Spannungsdifferenz von ±10 % abdeckt und sich diese Stufenbreite von Herstellerseite in der Diskussion befindet (weitere Erläuterungen in den Abschnitten 5.1 und 5.5).

Es werden für die Betrachtungen vier unterschiedliche Netzstrukturen festgelegt, die im Folgenden kurz vorgestellt werden.

4.3.2 Spezifische Angaben zur Netzstruktur 1

Bei der verwendeten Netzstruktur „Netz 1" handelt es sich um ein NS-Netz, das von einem starren MS-Netz (mit variabler Spannung) über einen stufbaren Ortsnetztransformator

[6] DACHCZ: Technische Regeln zur Beurteilung von Netzrückwirkungen, 2007

versorgt wird. Das NS-Netz besteht aus zwei Strängen: Der obere Strang in Abbildung 4-8 ist mit einem Verbraucher respektive Erzeugung ausgestattet. Der untere Strang besitzt zwei Knoten mit Erzeugern/Verbrauchern.

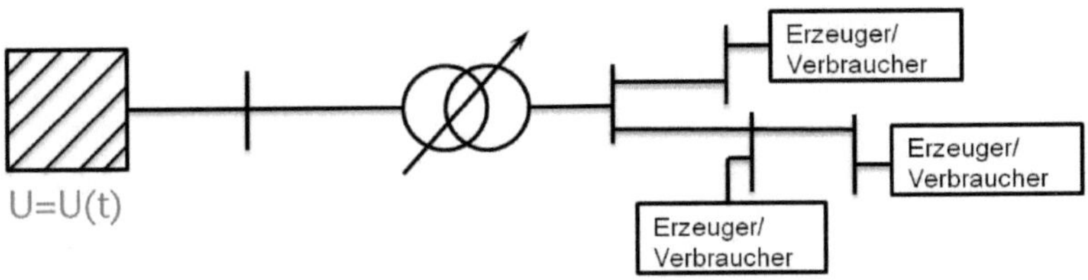

Abbildung 4-8: Verwendete Netzstruktur 1

Diese Netzstruktur wurde gebildet, um die Möglichkeiten des rONT bezüglich der folgenden Punkte zu untersuchen:

- Ausregeln der Spannungsschwankung des überlagerten Netzes
- Ausregeln des Spannungsabfall/-anstieg im Niederspannungsnetz
- Stellmöglichkeiten des rONT bei Schieflast (oberer Strang erzeugungsdominiert, unterer Strang verbrauchsdominiert)

4.3.3 Spezifische Angaben zur Netzstruktur 2:

In diesem Modell wird ein Niederspannungsnetz abgebildet, das von zwei Seiten gespeist wird (siehe Abbildung 4-9). Dieser Fall kommt in der Praxis zwar selten vor, muss aber beim Umschalten von Netzen beherrscht werden. Dies wird z. B. bei Wartungsarbeiten erforderlich, bei dem ein Netzbereich übergangsweise von einem benachbarten Netzbereich versorgt wird.

In einem solchen Fall dürfen sich die spannungsregelnden Transformatoren nicht gegenseitig zu Schwingungen anregen. Die durch unterschiedliche Stufenstellungen der Transformatoren entstehenden Kreisströme müssen beherrschbar bleiben.

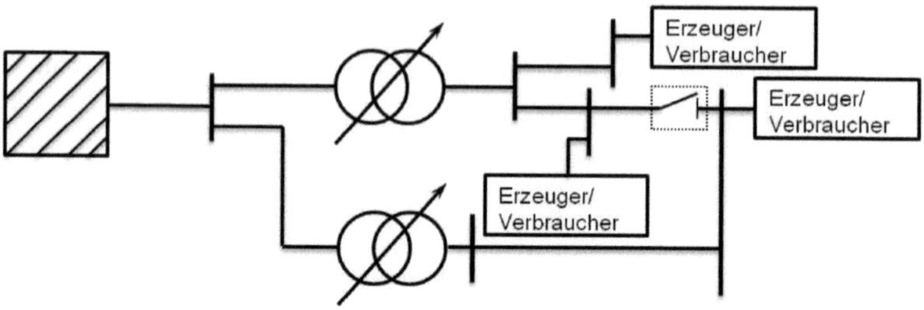

Abbildung 4-9: Verwendete Netzstruktur 2

4.3.4 Spezifische Angaben zur Netzstruktur 3 und Netzstruktur 4:

Die Fragestellung, ob es zwischen einem geregelten HS- / MS-Transformator und einem geregelten MS- / NS-Transformator zu gegenseitigen Beeinflussungen kommt, wird mit den Netzstrukturen 3 und 4 untersucht.

Mit der Netzstruktur 3 (siehe Abbildung 4-10) wird zunächst die Wechselwirkung eines HS- / MS-Transformator mit genau einem rONT untersucht.

Mit der Netzstruktur 4 (siehe Abbildung 4-11) werden die Untersuchungen auf mehrere rONT im selben MS-Netz erweitert.

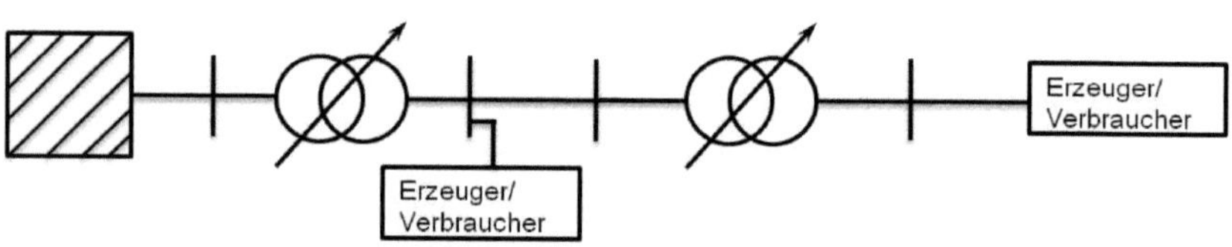

Abbildung 4-10: Verwendete Netzstruktur 3

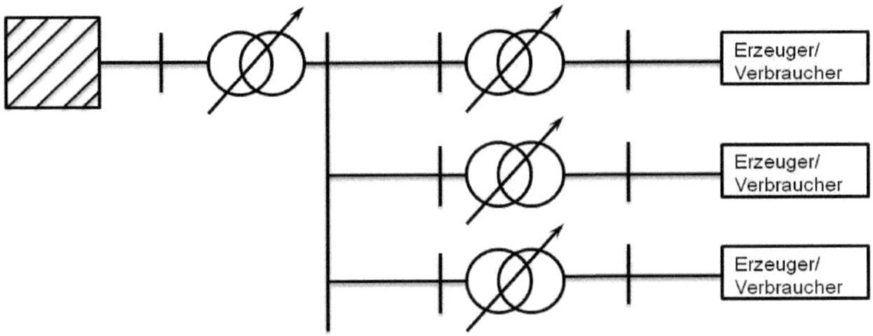

Abbildung 4-11: Verwendete Netzstruktur 4

Als Anregungen für die Stufenregler der beteiligten Transformatoren werden gemessene und generierte Zeitreihen (siehe Abschnitt 3.2) sowie Testprofile von Verbraucher- und Erzeugerleistungen sowie die eingeprägten Hoch- bzw. Mittelspannung eingesetzt.

5. Analyse des Betriebs von regelbaren Ortsnetztransformatoren und Ableitung möglicher Anforderungen

5.1 Normative Anforderungen / Allgemeines

Für das neue Betriebsmittel rONT liegen keine spezifischen Normen vor. Durch dieses in das Verteilnetz zu integrierende Betriebsmittel dürfen die allgemeinen Vorgaben an einen ungestörten Netzbetrieb nicht verletzt werden. Dabei sind zwei Aspekte von besonderer Bedeutung: Zum einen ist die absolute Höhe der erlaubten schnellen Spannungsänderungen, welche zukünftig auch durch ein Stufen des rONT versucht werden können, normativ begrenzt. Zum anderen ist ihre Wiederholrate in Abhängigkeit der absoluten Höhe in Form von Flickergrenzkurven begrenzt. Beide Größen werden in verschiedenen Richtlinien und Normen aufgeführt.

Hierzu kann die DIN EN 50160[7] herangezogen werden. Diese deskriptive Norm nennt keine konkreten Verträglichkeitspegel, sodass ihre Anwendung im Rahmen einer Verträglichkeitsprüfung schwierig erscheint. Dennoch begrenzt sie die Höhe der schnellen Spannungsänderungen U_{max} auf 5 % für seltene Ereignisse und nennt als Obergrenze für das Langzeitflickerpegel P_{ST}=1. Dieser Grenzwert gilt jedoch für Ereignisse und Anlagen aller Netzebenen, sodass eine Aufteilung auf die Netzebenen erfolgen und schließlich ein Anteil für den rONT reserviert werden müsste.

Konkretere Angaben können der DACHCZ[8] entnommen werden. Ein Beurteilungsschema und die sich ergebenden maximalen Spannungsänderungen können der folgenden Abbildung entnommen werden:

[7] DIN EN 50160: Merkmale der Spannung in öffentlichen Elektrizitätsversorgungsnetzen; Deutsche Fassung EN 50160:2010 + Cor.:2010

[8] DACHCZ: Technische Regeln zur Beurteilung von Netzrückwirkungen, 2007

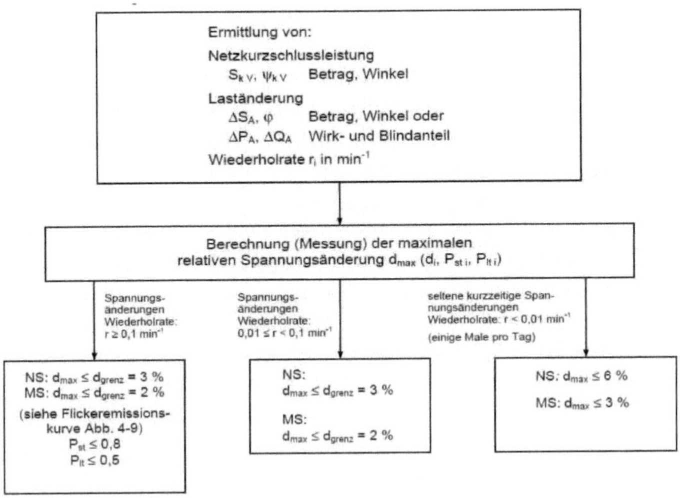

Abbildung 5-1: Beurteilungsschema Spannungsrückwirkungen [9]

Es werden maximale Spannungsänderungen von 3 % und von 6 % bei seltenen, kurzzeitigen Ereignissen angegeben. Des Weiteren empfiehlt die DACHCZ ein Flickergrenzpegel von P_{ST}=0.8 nach den Vorgaben der EN 61000-2-2[10] anzuwenden. Die Abhängigkeit von maximaler Spannungshöhe und der Wiederholrate der Ereignisse kann der folgenden Abbildung entnommen werden:

---

[9] DACHCZ: Technische Regeln zur Beurteilung von Netzrückwirkungen, 2007

[10] DIN EN 61000-2-2 VDE 0839-2-2:2003-02: Elektromagnetische Verträglichkeit (EMV) - Umgebungsbedingungen, Verträglichkeitspegel für niederfrequente leitungsgeführte Störgrößen und Signalübertragung in öffentlichen Niederspannungsnetzen (2002)

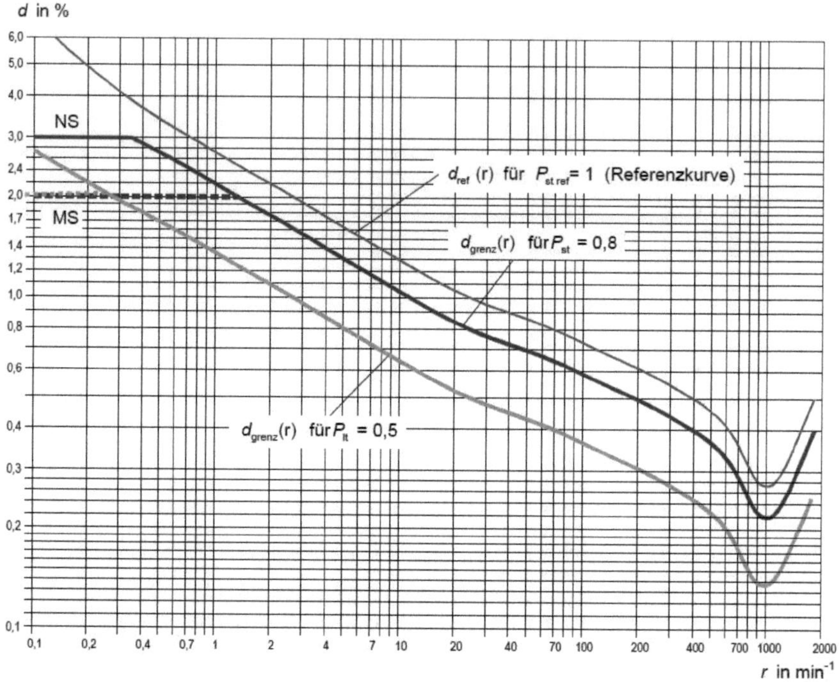

Abbildung 5-2: Flickergrenzkurven für rechteckförmige Spannungsänderungen [11]

Ein Flickergrenzwert von P_{ST}=0.5 empfiehlt die DACHCZ als Obergrenze für die Prüfung einer Einzelanlage. Dieser Wert erscheint aber aus Sicht der Autoren dieser Studie als zu hoch und nicht anwendbar für die Auslegung eines rONT.

Die bisher beschriebenen Flickergrenzkurven sind aus empirischen Versuchen mit einer genügend großen Anzahl an Testpersonen entstanden. Mombauer[12] ermöglicht durch eine Linearisierung auch eine mathematische Beschreibung dieser Kurven. In seinem

[11] DACHCZ: Technische Regeln zur Beurteilung von Netzrückwirkungen, 2007

[12] Netzrückwirkungen von Niederspannungsgeräten: Spannungsschwankungen und Flicker. Theorie, Normung nach DIN EN 61000-3-3 und -3-11 (VDE 0838 Teil 3 und Teil 11):2002-05 und 2001-04, Mombauer, 2006, ISBN: 978-3800728060

Fachbuch geht er dabei von einem Planungspegel von P_{ST}=0.4 aus. Das Vorgehen wird aus der folgenden Abbildung ersichtlich:

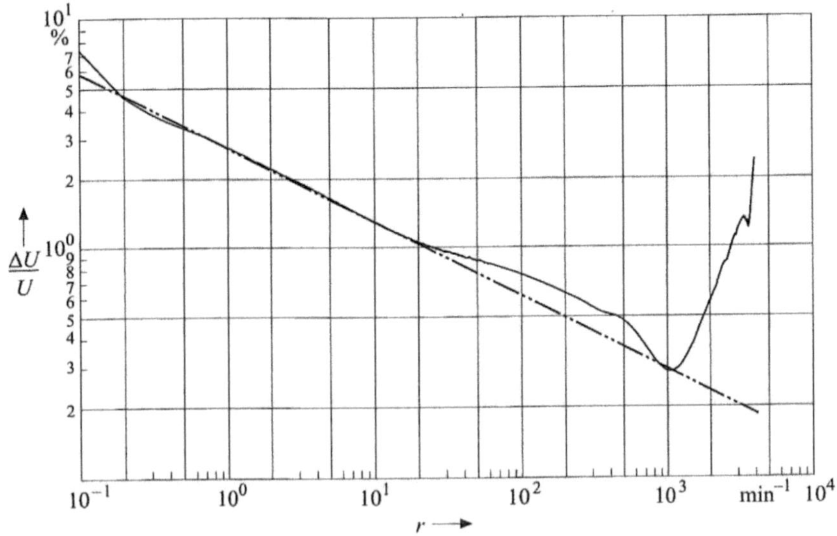

Abbildung 5-3: Berechnungsgrundlage – erlaubter Spannungshub[13]

Es ergibt sich folgende Berechnungsvorschrift, welche für ein Planungspegel von P_{ST}=0.4 gilt:

$$\frac{\Delta U/_{U}}{\%} = \frac{P_{st,max}}{R * 0.365 * \left({}^{r}/_{min^{-1}}\right)^{0.31}}$$

Für einen Wert von R=0.8 und eine angenommene Wiederholrate von r=0.1 min^{-1} ergibt sich exemplarisch eine maximale Spannungsänderung von 2.8 %.

[13] Netzrückwirkungen von Niederspannungsgeräten: Spannungsschwankungen und Flicker. Theorie, Normung nach DIN EN 61000-3-3 und -3-11 (VDE 0838 Teil 3 und Teil 11):2002-05 und 2001-04, Mombauer, 2006, ISBN: 978-3800728060

Zusätzlich wurden die DIN IEC 60038[14] und DIN VDE 0838-1[15] betrachtet, jedoch konnte keine Informationen für den hier betrachteten Fall gefunden werden. Darüber hinaus ist auch eine Anwendung der VDE-Richtlinie VDE-AR-N 4105:2011-08[16] denkbar. Auch diese beschränkt die maximale Spannungsänderung auf einen Wert von 3 % mit der zusätzlichen Einschränkung, dass die Häufigkeit bei einem Wert von 3 % nicht höher als einmal in 10 Minuten sein darf. Die Anwendung dieser Richtlinie erscheint aber aufgrund ihres Anwendungsgebietes, welches ausschließlich Erzeugungsanlagen am NS-Netz beinhaltet, als nicht sinnvoll.

Neben dieser Literaturrecherche ist weiterhin eine Expertenbefragung durchgeführt worden. Maximale Spannungsänderungen von 5 % erscheinen danach als unproblematisch für angeschlossene Geräte und Verbraucher. Besondere Berücksichtigung solle vielmehr transienten Überspannungen während der Schalthandlungen gegeben werden, da diese besonders kritisch für in der NS-Ebene angeschlossene Geräte (Haushaltsgeräte) sei. Es bestätigte sich erneut, dass ein Planungspegel von P_{ST}=0.4 für die Rückwirkungen aller in einem NS-Netz angeschlossenen Anlagen angebracht erscheint.

Abschließend kann festgehalten werden, dass die Einhaltung geltender Normen und Vorschriften auch mit dem neuen Betriebsmittel rONT möglich ist. Da zum Zeitpunkt dieser Studie die Stufenspannung nicht abschließend festgelegt ist, muss diese Thematik weiter Beachtung finden. Sowohl eine Erhöhung der Stufenspannung als auch der Schaltspielhäufigkeit (z. B. durch eine Reduktion der Integrationszeit) führt zu einer negativen Beeinflussung des Flickerpegels. Dabei gilt es auch zu berücksichtigen, inwieweit durch Schalthandlungen des rONT weitere Folge-Spannungsschwankungen in NS-Netz angeregt werden.

---

[14] DIN IEC 60038, VDE 0175-1: IEC-Normspannungen (IEC 8/1218/CD:2006

[15] DIN VDE 0838-1, VDE 0838-1: Rückwirkungen in Stromversorgungsnetzen, die durch Haushaltsgeräte und durch ähnliche elektrische Einrichtungen verursacht werden; Teil 1: Begriffe (IEC 60555-1 (1982 - 1. Ausgabe)); Deutsche Fassung EN 60555 Teil 1, Ausgabe 1987

[16] VDE-AR-N 4105:2011-08: Erzeugungsanlagen am Niederspannungsnetz. Technische Mindestanforderungen für Anschluss und Parallelbetrieb von Erzeugungsanlagen am Niederspannungsnetz, 2011

5.2 Analyse der Auswirkungen eines rONT auf die unterlagerte NS-Netzebene

5.2.1 Anwendung eines rONT zur Entkopplung der MS- und NS-Spannungsebene

Mit den durchgeführten Untersuchungen soll geklärt werden, wie ein rONT auf Spannungsschwankungen des MS-Netzes reagiert und inwieweit die durch Leistungsschwankungen im NS-Netz hervorgerufenen Spannungsabfälle ausgeregelt werden können.

Zunächst wird davon ausgegangen, dass der Spannungsistwert für die Regelung an der NS-Sammelschiene des Transformators ermittelt wird. In weitergehenden Analysen wird dieser Istwert aber auch von einem oder mehreren Knoten des NS-Netzes, den sogenannten „Regelknoten" bezogen. In Abbildung 5-4 ist die verwendete Netzstruktur mit ihren Leitungslängen und -querschnitten dargestellt.

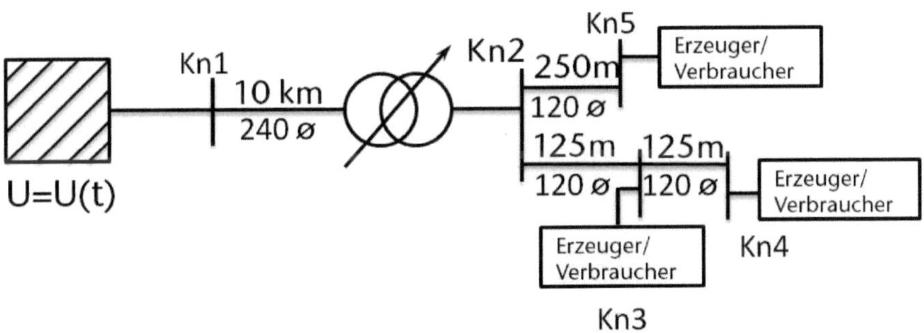

Abbildung 5-4: Verwendete Netzstruktur mit verwendeten Parametern

Die Untersuchungen werden sowohl mit konstanter (Varianten 1.x) als auch mit variabler (Varianten 2.x) Mittelspannung durchgeführt. Im Fall der konstanten Mittelspannung wird der Spannungsistwert auf die Nennspannung festgelegt.

In beiden Varianten kann weiterhin zwischen den zwei Belastungssituationen „Normallast" und „Extremlast" und dem verwendeten „Regelknoten" differenziert werden. Die in Kapitel 3.2 erwähnten, gemessenen Leistungsverläufe werden den Netzknoten 3 bis 5 entsprechend Abbildung 5-5 als sogenannte „Normallast" zugeordnet. Im „Extremlast"-Fall werden alle Verläufe um den Faktor drei erhöht und somit eine deutliche höhere Auslastung der Betriebsmittel nachgebildet (Abbildung 5-6).

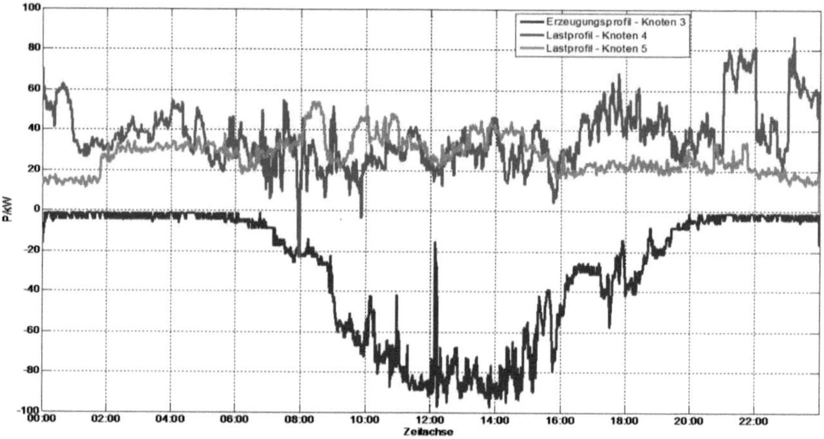

Abbildung 5-5: Leistungsverläufe der NS-Knoten 3 – 5 bei „Normallast“

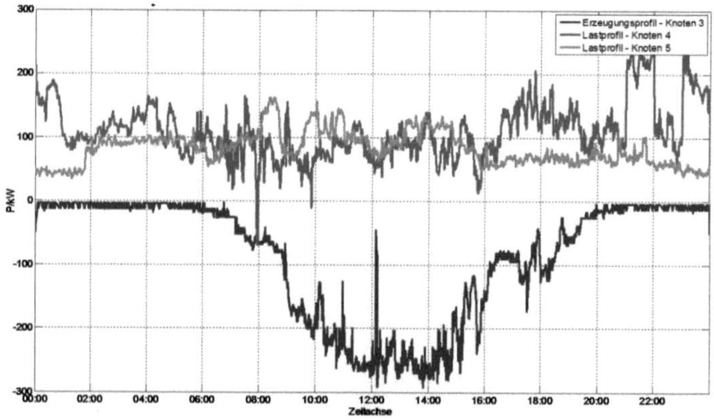

Abbildung 5-6: Leistungsverläufe der NS-Knoten 3 – 5 bei „Extremlast“

Im Folgenden werden unterschieden:

- Variante 1.1: Regelknoten ist die NS-Sammelschiene (NS-SS, Kn2) bei „Normallast“
- Variante 1.2: Regelknoten ist Spannung in Kn4 bei „Normallast“
- Variante 1.3: Regelknoten ist Kn4 bei „Extremlast“
- Variante 1.4: Regelknoten ist Kn5 bei „Extremlast“
- Variante 1.5: Regelgröße wird aus Spreizung ermittelt (mehrere Regelknoten)
- Variante 2.1: Netz bei Schieflast (oberer Strang erzeugungsdominiert, unterer Strang verbrauchsdominiert) ohne Regeltransformator
- Variante 2.2: Netz bei Schieflast (oberer Strang erzeugungsdominiert, unterer Strang verbrauchsdominiert) mit Regeltransformator

Variante 1.1:

In Abbildung 5-7 ist das Ergebnis der Simulation zur Variante 1.1 zu sehen. Es fällt auf, dass die Spannung am Regelknoten (Knoten 2) trotz der Belastung innerhalb seines Totbandbereiches (siehe auch Abbildung 4-1) von 230 V±3,45 V (226.55 V-233.4 V) bleibt und der Transformator somit nicht stuft. Dieses kann anhand der durchlaufenden schwarzen Linie, welche die relativen Stufenänderungen wiedergibt, erkannt werden. Des Weiteren liegen alle Spannungen im NS-Netz innerhalb des zulässigen Bereichs von U_N±10 %, diese weisen aber eine größere Fluktuation auf.

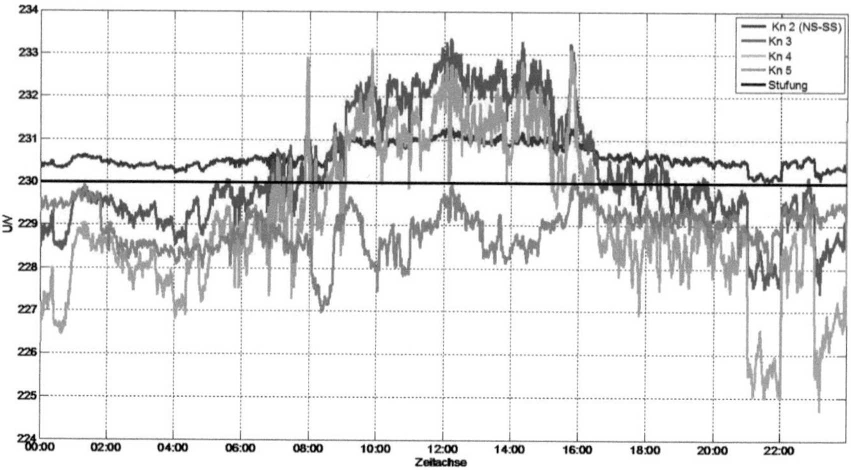

Abbildung 5-7: Auswirkung der Leistungsschwankungen im NS-Netz in Variante 1.1

Während die Spannung an der Sammelschiene (Kn2) relativ wenig durch den Lastverlauf beeinflusst wird, werden die Spannungen an den Netzausläufern deutlich stärker von den Leistungsschwankungen verändert. So läuft beispielsweise die Spannung in Knoten 4 aus dem Totband des Spannungsreglers heraus.

Variante 1.2:

Im Folgenden wird daher untersucht, ob es sinnvoll ist, als Regelknoten einen Netzausläufer zu wählen, in dieser Variante beispielhaft den Kn4. In Abbildung 5-8 ist zu sehen, wie in den Morgen- und Nachtstunden der Regler hochstuft, um die Spannung in Knoten 4 im Totband zu halten; damit werden jedoch die Spannungen im gesamten Netz erhöht. Die relativen Stufenänderungen werden durch den schwarzen Verlauf dargestellt.

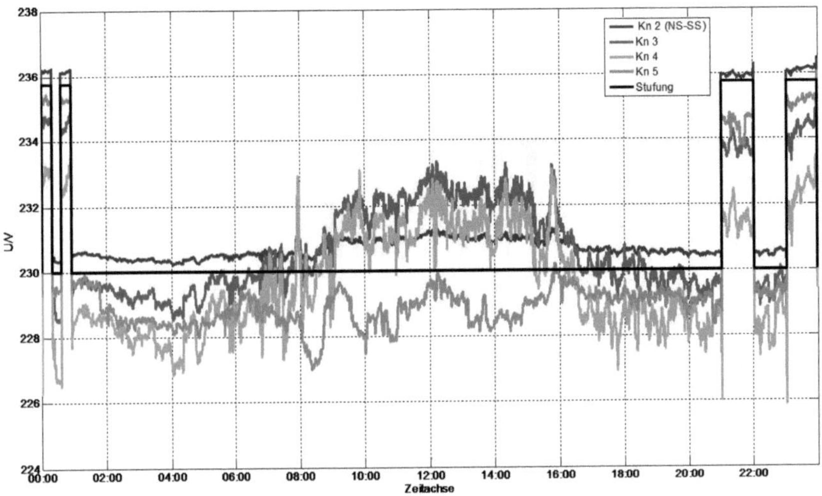

Abbildung 5-8: Spannungsverläufe unter Verwendung von Kn4 als Regelknoten und bei Normallast

Variante 1.3:

Um eine deutlichere Auswirkung des Leistungsverlaufes auf die Spannungsregelung zu erreichen, wurden die angesetzten Leistungen gegenüber dem „Normallast"-Fall um den Faktor 3 erhöht (siehe Abbildung 5-6). Dieses wird als „Extremlast' bezeichnet. Es wird bei diesem Lastverlauf der Transformator zwar zu keinem Moment überlastet, jedoch sei angemerkt, dass in Praxis eine solch hohe Auslastung unüblich ist.

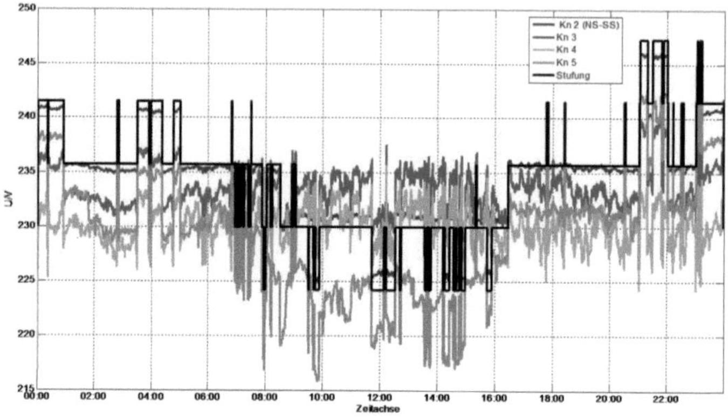

Abbildung 5-9: Spannungsverläufe unter Verwendung von Kn4 als Regelknoten und bei Extremlast

In Abbildung 5-9 ist zu erkennen, dass der rONT nun vermehrt stuft, um die Spannung in Knoten 4 innerhalb seines Totbandes zu halten. In dieser Variante befinden sich alle Spannungen innerhalb des Toleranzbandes. Es ist jedoch zu erkennen, dass sich die Spannung in Knoten 5 zur Mittagszeit weit außerhalb des Totbandes und nahe der unteren Toleranzgrenze (-7%) befindet, was nur einen begrenzten Spielraum für mögliche Schwankungen der Mittelspannung zulässt.

Variante 1.4:

In dieser Variante wird die Spannung im Knoten 5 als Regelgröße herangezogen.

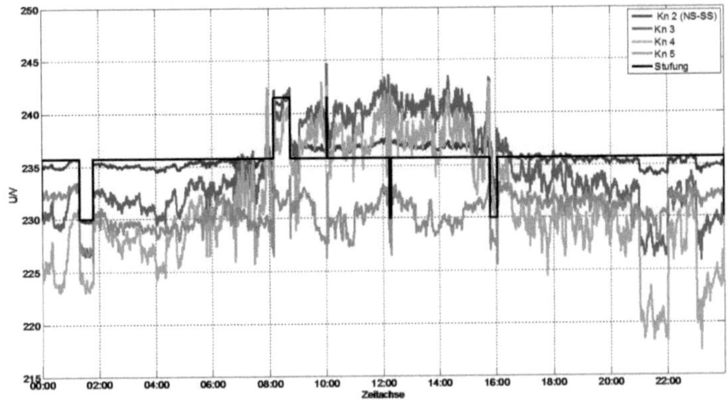

Abbildung 5-10: Spannungsverläufe unter Verwendung von Kn5 als Regelknoten und bei Extremlast

Als Ergebnis der Simulation (siehe Abbildung 5-10) kann festgehalten werden, dass der rONT durch wiederholtes Stufen die Spannung in Knoten 5 innerhalb seines Totbandes hält. Eine Verletzung der normseitig vorgegebenen Toleranzbänder kann in keinem Knoten festgestellt werden, jedoch zeigt der Spannungsverlauf in Knoten 4 in der Mittagszeit eine deutliche Überhöhung und in den Nachtstunden eine Erniedrigung an.

Variante 1.5:

In der folgenden Simulation werden mehrere Knotenspannungen gleichzeitig betrachtet, um daraus die Regelgröße zu ermitteln.

Bei dem implementierten Verfahren werden alle Knotenspannungen zeitgleich überwacht, und aus der minimalen und maximalen Knotenspannung wird eine mittlere „virtuelle“ Knotenspannung (siehe Abbildung 5-11) gebildet.

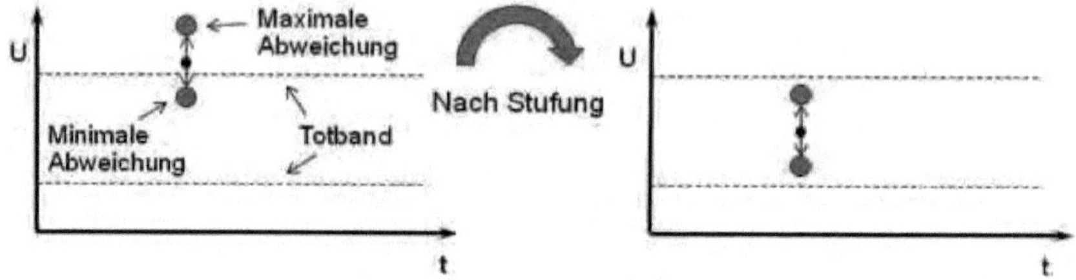

Abbildung 5-11: Prinzip des verwendeten Regelverfahren bei verteilter Messung

Das hier genutzte Verfahren erhebt nicht den Anspruch einer „optimalen Lösung“, da hier die Verdeutlichung des Effektes im Vordergrund steht. Neben dem hier vorgestellten Verfahren ist eine Vielzahl weiterer Ansätze denkbar, die möglicherweise für die Fragestellung besser geeignet sind.

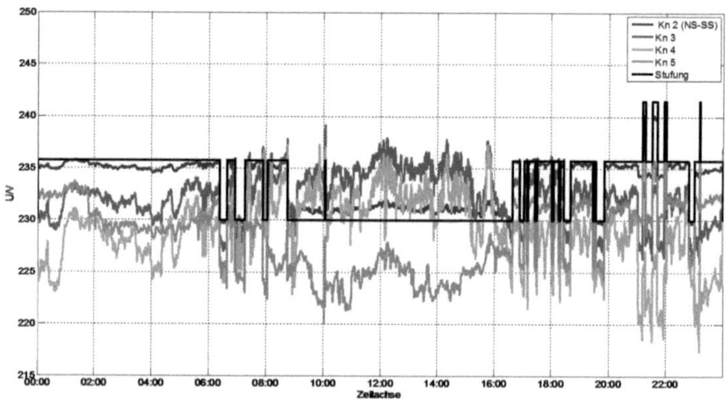

Abbildung 5-12: Spannungsverläufe, wenn Regelgröße aus verteilter Messung generiert wird, und bei Extremlast

Als Ergebnis für die Simulation in Abbildung 5-12 lässt sich festhalten, dass die maximale und minimale Abweichung vom Spannungssollwert reduziert werden konnte und dass sich alle Spannungen moderat um das Totband bewegen. Diese Variante hat somit eine deutliche Verbesserung der Spannungsverhältnisse gegenüber den Varianten 1.1 bis 1.4 erbracht. Es ist jedoch keine Verallgemeinerung durchgeführt worden und die Spreizung der Spannungen in verschiedenen Strängen bleibt weiterhin problematisch. Mit dem für diese Regelungsmethode erforderlichen zusätzlichen Aufwand einer verteilten Messinfrastruktur kann das Problem allerdings grundsätzlich erkannt werden.

Variante 2.1:

In den folgenden Simulationen wird auf die Fähigkeit des rONT eingegangen, Spannungsschwankungen, die im Mittelspannungsnetz entstehen, für das NS-Netz auszuregeln. Dazu wird der in Abbildung 5-13 dargestellte Mittelspannungsverlauf vorgegeben.

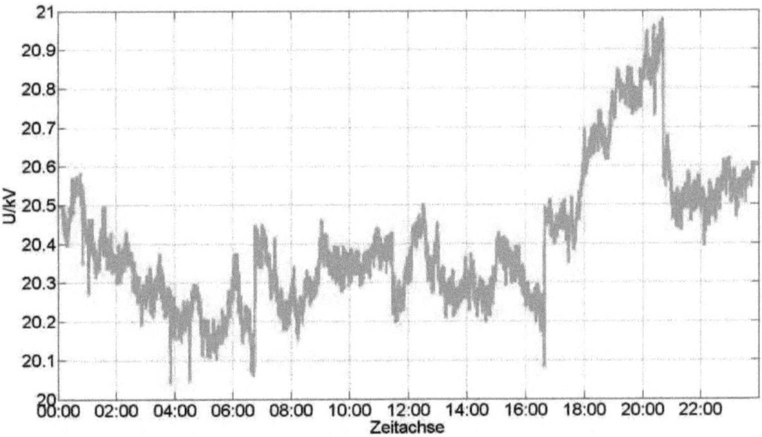

Abbildung 5-13: Vorgegebener Mittelspannungsverlauf

Als Leistungsverläufe werden die aus den vorherigen Simulationen bekannten Normallastgänge verwendet und entsprechend Abbildung 5-14 auf die Knoten verteilt.

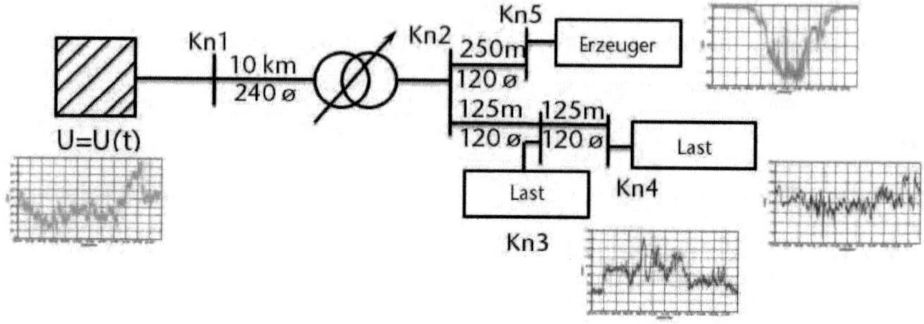

Abbildung 5-14: Anordnung der verschiedenen Leistungsverläufe in den Varianten 2.1 und 2.2

Zunächst wird die Simulation ohne rONT durchgeführt (siehe Abbildung 5-15). Hier ist zu erkennen, dass in dem Strang mit PV-Einspeisung (Knoten 5) die obere Toleranzgrenze erreicht wird.

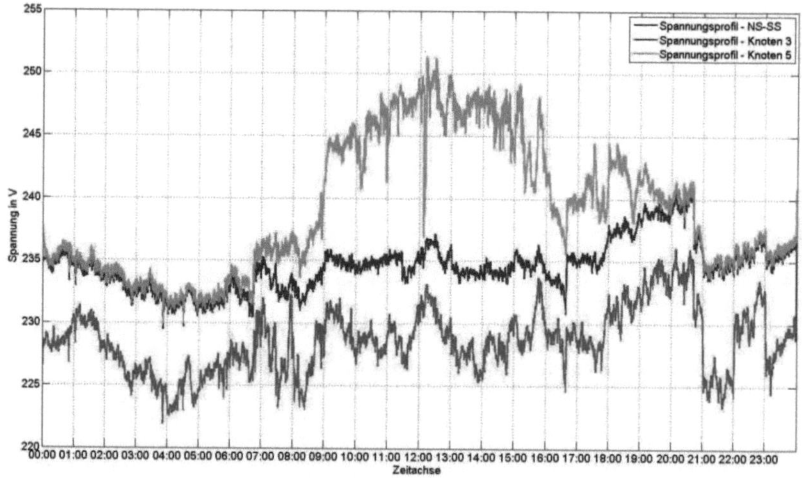

Abbildung 5-15: Simulationsergebnis ohne regelbaren Ortsnetztransformator

Variante 2.2:

In dieser Variante wird die vorherige Simulation mit aktivem rONT wiederholt. Abbildung 5-16 stellt die Sammelschienenspannung (Regelgröße) und den Stufenbefehl des Transformators dar. Es ist zu erkennen, dass der Transformator seine Sammelschienenspannung innerhalb seines Totbandes hält. Dieses Verhalten führt dazu, dass der Transformator zur Mittagszeit herunterstuft. Dadurch bleibt nun auch die Spannung in Knoten 5 innerhalb des Toleranzbereiches (siehe Abbildung 5-17).

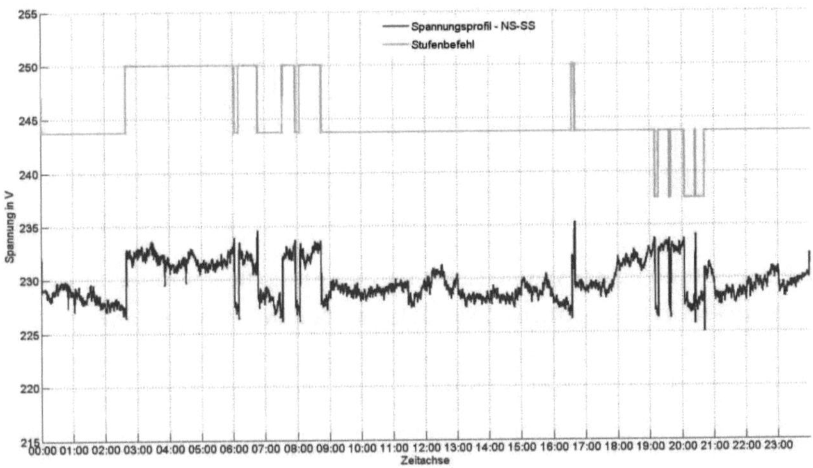

Abbildung 5-16: Simulationsergebnis mit regelbaren Ortsnetztransformator (1/2)

Neben dem sinnvollen Stufen ist zu erkennen (wie auch schon in den vorherigen Simulationen), dass die Spreizung zwischen dem Last und Erzeugerstrang nicht beeinflusst wird und weiterhin problematisch bleibt.

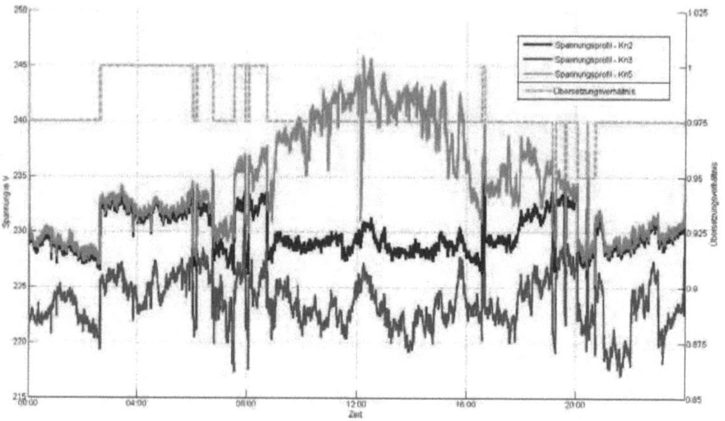

Abbildung 5-17: Simulationsergebnis mit regelbaren Ortsnetztransformator (2/2)

5.2.2 Beeinflussung der Sammelschienenspannung (Regelgröße) durch Änderung der NS-Leistungsflüsse und Variation der NS-Leitungslänge

Für die folgenden Analysen wird die sogenannte Fortsetzungsmethode verwendet. Fortsetzungsmethoden sind in der Lage, nichtlineare Gleichungen in Abhängigkeit eines Parameters über weite Parameterbereiche zu lösen. Ein einfaches Beispiel ist der folgenden Abbildung zu entnehmen.

Abbildung 5-18: Einfaches Beispiel zu mehrdeutigen Lösungen

Bei der Anwendung des Verfahrens gilt es Folgendes zu beachten:

- Da die Gleichungen nichtlinear sind, sind mehrere Lösungen und Verzweigungen möglich.
- Nicht alle berechneten Lösungen und Parameterbereiche sind physikalisch sinnvoll (siehe Abbildung 5-18). In dem gezeigten Beispiel ist der obere Ast des U(P)-Diagramms die physikalisch sinnvolle Lösung.

In den beiden Simulationsbeispielen wurde dies für Netzgleichungen der in Abbildung 5-4 dargestellten Topologie durchgeführt. Die Simulation wird mit den folgenden Annahmen durchgeführt:

- Die Spannung des starren Netzes ist die Nennspannung (20 kV/11.55 kV)
- Die Last in Knoten 4 und 5 beträgt jeweils 90 kW, $\cos\varphi=0.95$
- Die Last/Erzeugung in Knoten 3 wird variiert

Das Ergebnis über den gesamten Parameterbereich, also auch mit physikalisch nicht sinnvollen Parametern, ist in Abbildung 5-19 zu sehen. Auf der x-Achse ist die Wirkleistung der Last einer Phase in Knoten 3 dargestellt, und auf der Y-Achse die Spannungen am Sammelschienen-Knoten (Kn2) und am Lastknoten (Kn3).

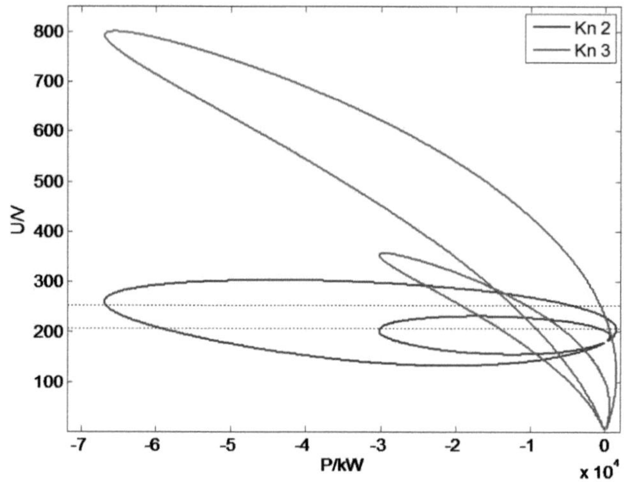

Abbildung 5-19 Abhängigkeit der Spannungen von der Last in Knoten 3 (Gesamtdarstellung)

Der physikalisch relevante Ausschnitt ist in Abbildung 5-20 dargestellt.

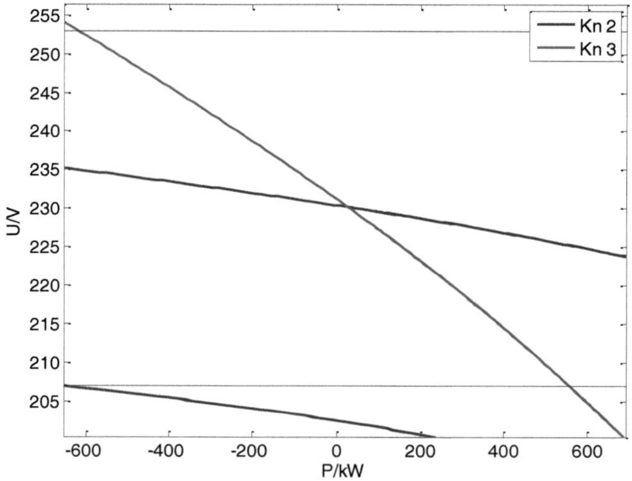

Abbildung 5-20 Abhängigkeit der Spannungen von der Last in Knoten 3 (physikalisch relevanter Ausschnitt)

In Abbildung 5-20 ist zu erkennen, dass sich die Spannung an der Transformatorsammelschiene (Kn2) nur leicht im Vergleich zur Spannung am Lastknoten (Kn3) verändert. Dabei gilt es zu beachten, dass auf der x-Achse wegen der einphasigen Berechnung nur die einphasige Leistung aufgetragen ist. Das heißt, zumindest in diesem Beispiel, sind für wenige Volt Spannungsänderung an der Transformatorsammelschiene beträchtliche Leistungsschwankungen nötig.

Die nächste Frage, auf die eingegangen wird, ist, wie sich die Leitungslänge zwischen Transformatorsammelschiene und Lastknoten auf die Knotenspannungen auswirkt.

Dazu wird die Simulation mit den folgenden Einstellungen durchgeführt.

- U: Nennspannung (auf der MS-Seite)
- Last in Knoten 4 und 5: 90 kW cosφ=0.95
- Die Leistung in Knoten 3 wird jetzt fest auf -180 kW (Erzeugung) eingestellt
- Die Leitungslänge von Knoten 2 nach Knoten 3 wird variiert

Das Simulationsergebnis in Abbildung 5-21 zeigt, dass der Einfluss der Leitungslänge auf Spannung der Transformatorsammelschiene (Kn2) praktisch nicht zu erkennen ist. Die Spannung fällt minimal ab, weil mit zunehmender Leitungslänge die aufgenommene Verlustleistung der Leitung steigt. Die Spannung am Knoten 3 (Erzeugung mit 180 kW) steigt deutlich mit zunehmender Leitungslänge zwischen den Knoten Kn2 und Kn3.

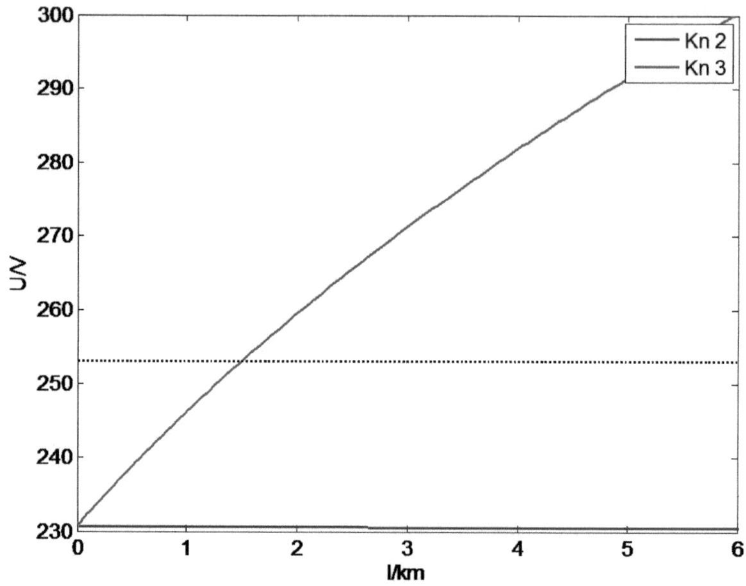

Abbildung 5-21 Abhängigkeit der Spannungen von der Leitungslänge l_{23}

5.2.3 Anwendung eines rONT in einem Netz mit weiteren Spannungsreglern (Blindleistungsmanagement)

Im Folgenden wird untersucht, inwiefern sich der regelnde Stufentransformator und weitere Blindleistung-regelnde Komponenten im Netz gegenseitig beeinflussen. Als Basis für eine typische Q(U)-Kennlinie wurde die Kennlinie „Vorgabe des spannungsabhängigen Blindleistungsverhaltens (cosφ) von Erzeugungsanlagen" aus der „Technische Richtlinie Erzeugungsanlagen am Mittelspannungsnetz der E.ON Bayern AG[17]" entnommen (siehe Abbildung 5-22).

[17] Technische Richtlinie Erzeugungsanlagen am Mittelspannungsnetz der E.ON Bayern AG

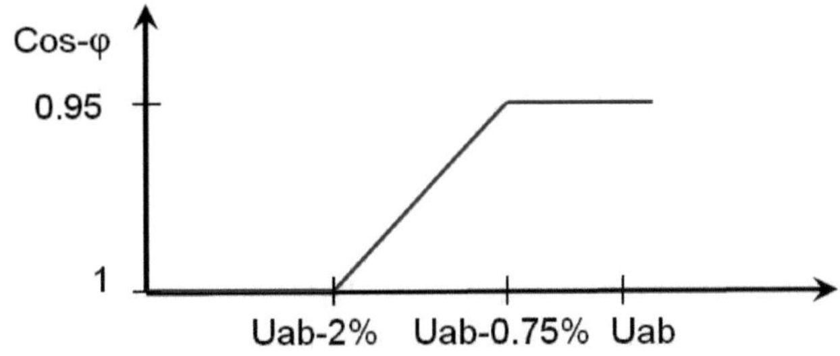

Abbildung 5-22: Q(U) – Kennlinie: Verwendung im MS- Netz [Quelle EON-Bayern Verfahrensanweisung 17]

Die Spannung U_{ab} gibt die Auslösespannung der Überspannungsschutzeinrichtung am Anschlusspunkt an. Die Kennlinie aus Abbildung 5-22 arbeitet somit in einem Spannungsbereich, der in dieser Form für diese Untersuchungen nicht sinnvoll ist, da Ortsnetz-Transformatoren weit unterhalb der Auslösespannung regeln.

Daher wurde die Kennlinie dahingehend angepasst, dass der Wechselrichter unmittelbar bei einer Überschreitung der Nennspannung mit der Netzstützung beginnt und seinen Grenzwert bei 105 % der Nennspannung erreicht (siehe Abbildung 5-23).

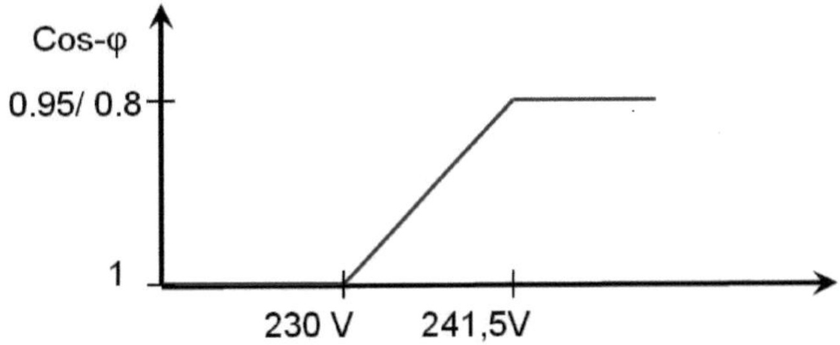

Abbildung 5-23: Für die Simulationen abgeänderte Kennlinie

Die Simulation wird mit zwei unterschiedlichen Steigungen der Kennlinie durchgeführt, einmal mit einem Grenzwert von cosφ=0.8ind. und einmal mit cosφ=0.95ind. Das Netz nach Abbildung 5-4 wird mit den folgenden Parametern angenommen:

- Last in Knoten 4: 10 kW cosφ=0.95
- Last in Knoten 5: 15 kW cosφ=0.95
- Mittelspannung fällt von +3 % auf -3 % (Verlauf: Abbildung 5-24)
- Erzeugung in Kn3 mit Q(U) Kennlinie (Abbildung 5-23)
- Die Wirkleistung in Knoten3 hat den Verlauf aus Abbildung 5-24

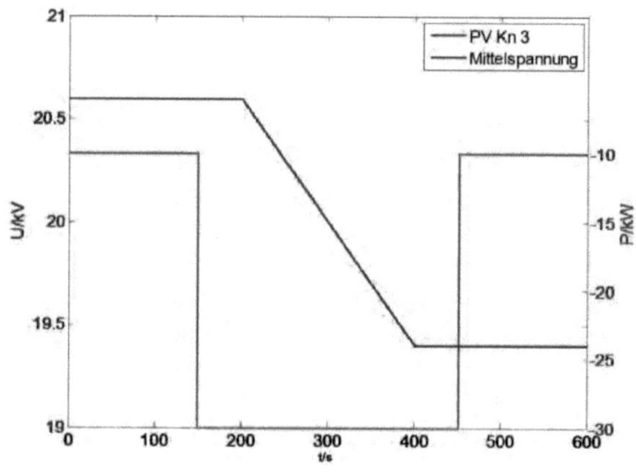

Abbildung 5-24: Verlauf der Mittelspannung und der Erzeugungsleistung in Knoten 3

In Abbildung 5-25 ist der Verlauf der Spannung im Sammelschienenknoten dargestellt. Es ist zu erkennen, dass die Änderung der Mittelspannung den größten Einfluss auf die Sammelschienenspannung des Transformators hat, was zum Stufen des Transformators führt. Der Einfluss der Q(U) Kennlinie auf die Sammelschienenspannung ist dagegen gering. Er ist in Abbildung 5-25 umso größer, je höher die Spannung oberhalb der Nennspannung liegt. Ein anderes Bild ergibt sich bei der Betrachtung des Last/Erzeugerknotens 3 (siehe Abbildung 5-26), da hier der Einfluss der unterschiedlichen Kennlinien deutlich zu erkennen ist. Dieser wird durch den zusätzlichen Spannungsfall über den Leitungsimpedanzen hervorgerufen.

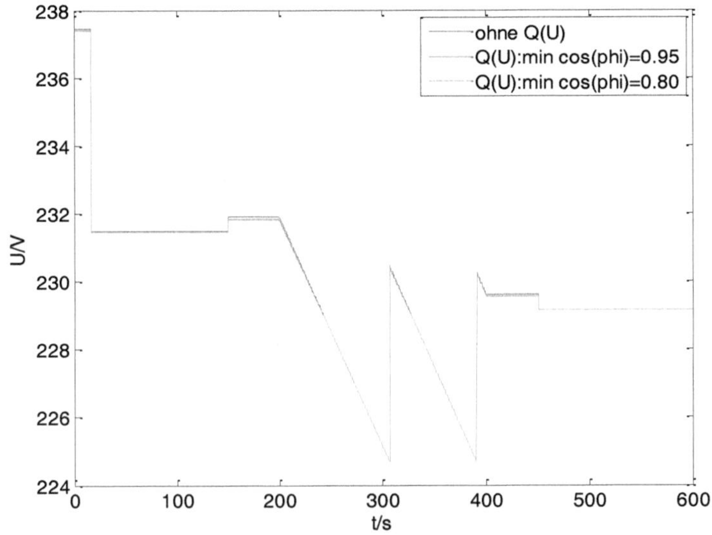

Abbildung 5-25: Verlauf der Spannung in Knoten 2 (Sammelschiene)

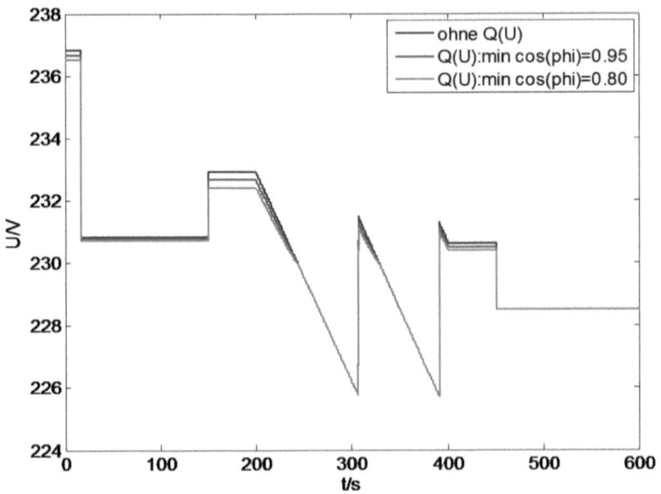

Abbildung 5-26: Verlauf der Spannung in Knoten 3

In Abbildung 5-27 wird ein Ausschnitt des Verlaufes der Spannung des Knoten 3 (Abbildung 5-26) gezeigt, in dem der Einfluss der Kennlinien deutlich zu erkennen ist: Die Spannung im Knoten 3 wird bei der Kennlinie „Cosφmin=0.95“ im Vergleich zu dem Fall ohne Kennlinie um ca. 0.25 V und im Fall der „Cosφmin=0.8“ Kennlinie um ca. 0.5 V abgesenkt. Diese geringfügig spannungssenkende Maßnahme verursacht jedoch gleichzeitig den in Tabelle 5-1 dargestellten starken Anstieg der Netzverluste.

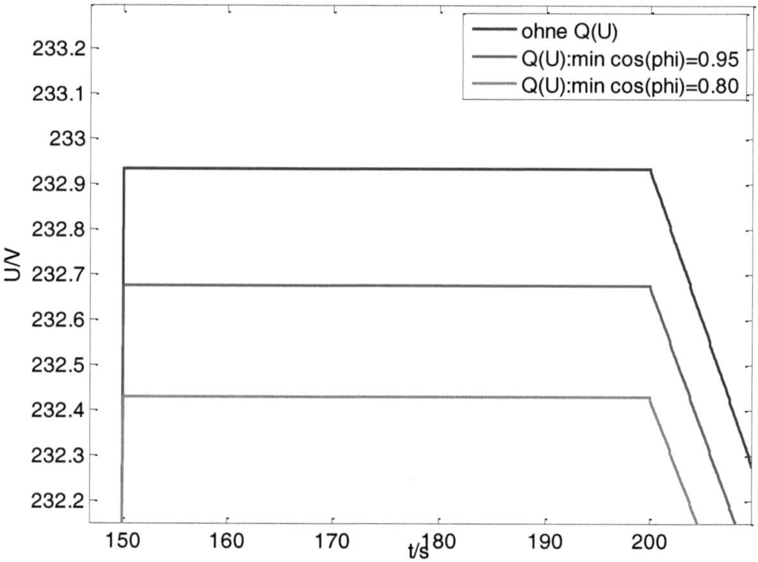

Abbildung 5-27: Verlauf der Spannung in Knoten 3 (Ausschnitt)

Tabelle 5-1: Netzverluste bei Q(U) Kennlinie (siehe auch Abbildung 5-27)

Verwendete Q(U) Kennlinie	Cosφ im Zeitbereich t_1=150 s - t_2=200 s	Netzverluste
ohne	Cosφ= 1	5.34 %
Cosφmin=0.95	Cosφ= 0.989	6.0 %
Cosφmin=0.8	Cosφ= 0.958	7.0 %

5.2.4 Zwischenfazit zu den Untersuchungen an der Netzstruktur 1

Abschließend lässt sich festhalten, dass sich in den Simulationen gezeigt hat, dass der regelbare Ortsnetztransformator, in Verbindung mit geeigneter Netzplanung, ein ausreichendes und robustes Instrument zur Spannungshaltung darstellt. Eine gegenseitige Beeinflussung mit anderen, die Spannung regelnden Komponenten konnte am Beispiel einer Q(U)-Regelung nicht festgestellt werden.

Bei den weiteren Aussagen wird unterschieden, ob der Regler die Transformator-Sammelschienenspannung als Regelgröße nutzt oder ob diese aus einer verteilten Messung gewonnen wird.

Wenn der Transformator als Eingangsgröße zur Regelung nur die Sammelschienenspannung nutzt, dann lassen sich die folgenden Aussagen treffen:

- Eine Entkopplung von MS- und NS-Ebene ist möglich
- Daher Aufweitung des Spannungsbandes in der NS-Ebene möglich
- Spannungsniveau in Netzausläufern nicht aus SS-Spannung ablesbar
- Eine Beeinflussung des Stufenreglers durch eine Q(U)-Regelung ist im regulären Betrieb nicht zu erwarten (Einfluss auf SS-Spannung zu gering)
- Netzplanung muss max. Spannungsspreizung begrenzen

Wenn der Istwert der Regelung aus einem verteilten Messsystem ermittelt wird, lassen sich die folgenden Aussagen treffen:

- Messung einzelner Netzausläufer nicht ausreichend
- Transformatorregler kann gezielter auf die Netzsituation reagieren
- Selbst bei vollständiger Messung kann eine große Spreizung der Spannung in verschiedenen Netzsträngen zu Problemen führen, die aber durch die verteilte Messung erkannt werden
- Verhalten in Zusammenhang mit Q(U)-Regelung ist noch ungeklärt

5.3 Anforderungen an den Betrieb zweier parallel betriebener rONT

Der Fall einer parallelen Einspeisung über zwei Transformatoren in ein Niederspannungsnetz stellt üblicherweise keinen Normalbetrieb dar. Er tritt aber übergangsweise ein, wenn z.B. für Wartungsarbeiten eine Transformatorstation frei geschaltet und das zugehörige NS-Netz über das benachbarte Netz gespeist werden soll. Die im weiteren Verlauf verwendete Netzstruktur „Netz 2" sowie deren Parameter können der Abbildung 5-28 und der Tabelle 5-2 entnommen werden.

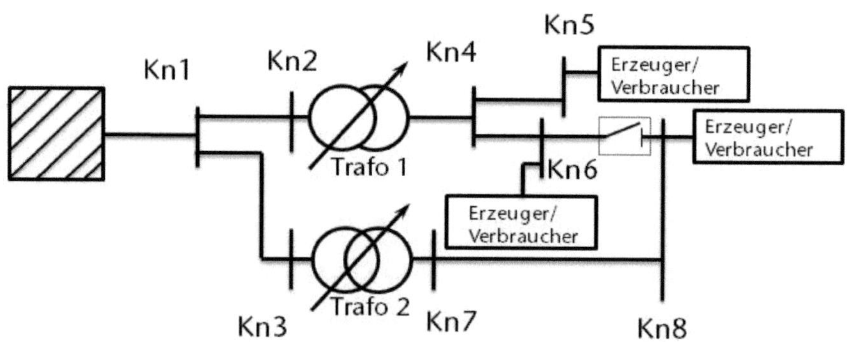

Abbildung 5-28: Topologie der Netzstruktur 2

Tabelle 5-2: Parameter des Netzes 2

Parameter	**Wert**
Netzimpedanz Zn	Berechnet aus 20 MVA Transformator und 600 MVA Kurzschlussleistung
MS-Leitung 1-2	5 km 240 mm^2 VPE –CU Leitung
MS-Leitung 1-3	10 km 240 mm^2 VPE –CU Leitung
Transformator 1	400 kVA mit ± 4 Stufen von 2.5 %
Transformator 2	400 kVA mit ± 4 Stufen von 2.5 %
Leitung 4-6	125 m 120 mm^2 CU-Leitung
Leitung 6-7	12 m 120 mm^2 CU-Leitung
Leitung 7-8	250 m 120 mm^2 CU-Leitung

Es werden folgende Fragestellungen untersucht:

- Können sich zwei regelbare Ortsnetztransformatoren, die in ein gemeinsames Niederspannungsnetz einspeisen, zu einer gegenseitigen (Dauer-)Schwingung anregen?
- Wie hoch sind während der parallelen Speisung die Kreisströme, die daraus resultierenden Auslastungen der Betriebsmittel und die damit verbundenen Netzverluste?

5.3.1 Schwingungsanregung bei Reglung auf der NS-SS

Zunächst wird geprüft, ob die Wechselwirkung von zwei gemeinsam in ein Ortsnetz speisenden Transformatoren dazu führen kann, dass sich gegenseitige Schwingungsanregungen ergeben. Dazu werden die folgenden Simulationsergebnisse präsentiert:

- Fall 1: Regelgröße ist jeweils die Spannung an der Transformator-Sammelschienen
- Fall 2:Regelgröße Transformator 1: Kn5 & Kn6; Transformator 2: Kn8

Fall 1:

In diesem Fall werden die folgenden und in Abbildung 5-29 dargestellten Lastverläufe angesetzt:

- Lastsprung (auf 3 MW) in Knoten 3 nach 200 s
- Sprung von Last in Knoten 8 (60 kW) auf Erzeugung (-90 kW) nach 300 s
- Sprung von Last in Knoten 5 (90 kW) auf Erzeugung (-30 kW) nach 400 s
- Die Last in Knoten 6 bleibt konstant auf niedrigem Niveau

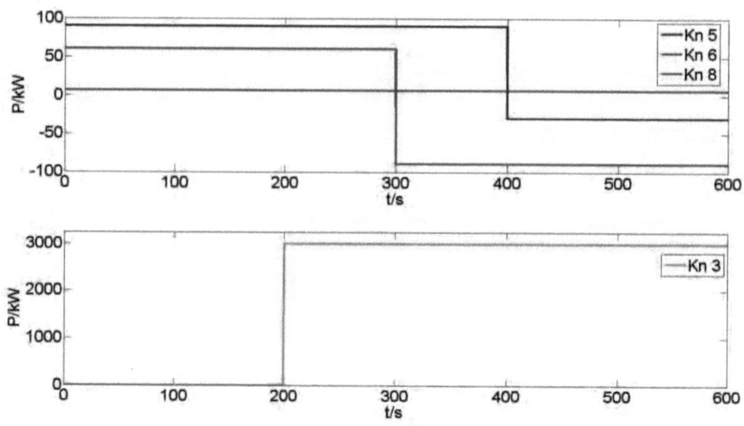

Abbildung 5-29: Lastverläufe im Fall 1

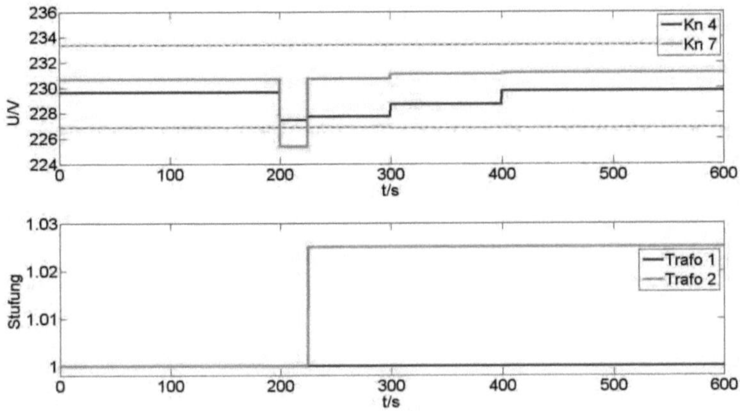

Abbildung 5-30: Simulationsergebnisse im Fall 1

In Abbildung 5-30 ist zu erkennen, dass die aufgeschalteten Lastsprünge beide Sammelschienenspannungen beeinflussen. Des Weiteren führt der mittelspannungsseitige Lastsprung zu einem Verlassen des Totbandes des Transformators 2, wodurch eine Stufung ausgelöst wird. Diese Stufung sorgt ebenfalls für eine Spannungsänderung am Regelknoten des ersten Transformators, jedoch ist diese Beeinflussung zu gering, um eine Stufung dieses Transformators hervorzurufen. In diesem Beispiel sind die Auswirkungen der Laständerungen auf die Sammelschiene des ersten Transformators größer als die der Stufung des zweiten Transformators.

Fall 2:

Als nächstes wird das Reglerverhalten überprüft, wenn die Regelknoten der Transformatoren nicht mehr die eigene Sammelschiene sind, sondern sich entsprechend der Simulationen bei Netz 1 innerhalb des Netzes befinden. In diesem Fall werden folgende Knoten verwendet:

- Transformator 1: Regelknoten 5 und 6
- Transformator 2: Knoten 8

Es ist hierbei zu beachten, dass der Knoten 8 elektrisch näher an Transformator 1 als an Transformator 2 liegt (siehe Tabelle 5-2). Deshalb wird die Stufung des Transformators 1 eine größere Auswirkung auf die Spannung des Regelknoten (Kn8) des Transformators 2 haben als wenn dieser stuft. Die in dieser Simulation verwendeten Lastverläufe sind in Abbildung 5-31 zu erkennen.

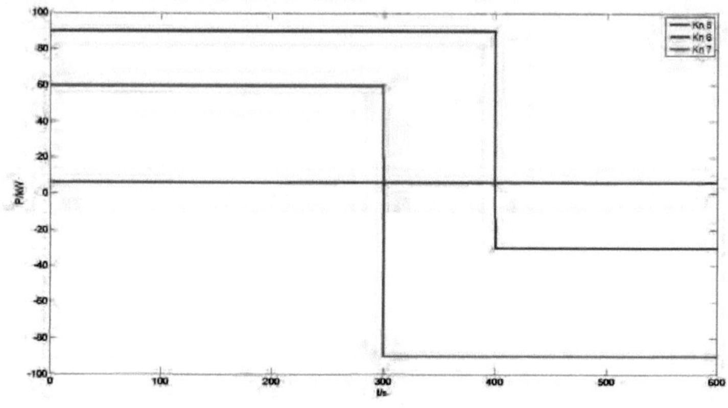

Abbildung 5-31: Lastverläufe im Fall 2

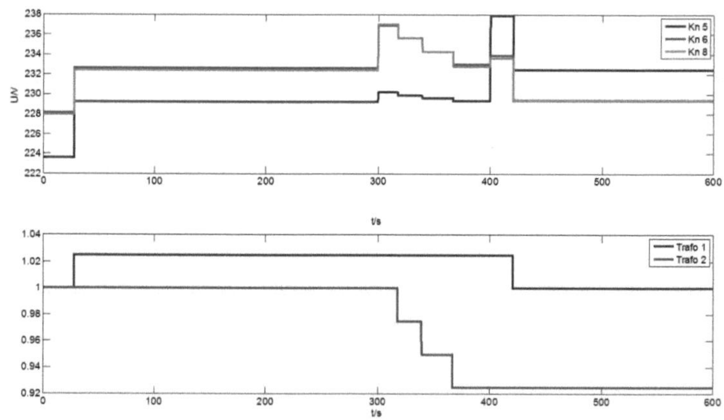

Abbildung 5-32: Spannungsverlauf und Stufung in [%] im Fall 2

Die Spannungsverläufe und Änderungen der Transformatorstufen sind in Abbildung 5-32 dargestellt. Nach der Laständerung in Knoten 7 und der damit verbundenen Spannungsbandverletzung in Knoten 8 werden drei Stufungen des Transformators 2 benötigt, um die Spannungsänderung auszuregeln.

In Abbildung 5-33 sind die Wirkleistungsflüsse auf den Zuleitungen und die Netzverluste dargestellt. Es ist zu erkennen, wie mit Beginn der Transformatorstufung der Kreisstrom und damit die Netzverluste ansteigen.

Nach der zweiten Laständerung in Knoten 5 stuft Transformator 1, um die Spannungen wieder in das Totband zu bringen. Durch das Angleichen der Stufungen sinken auch die Kreisströme und die damit verbundenen Verluste.

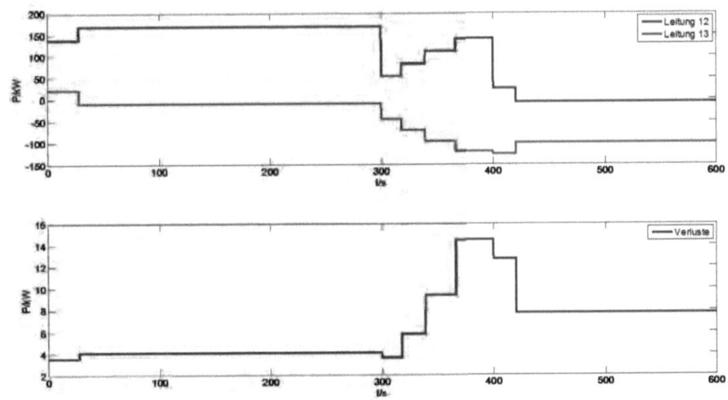

Abbildung 5-33: Wirkleistungsflüsse in den Zuleitungen der Transformatoren und die Verlustleistung im Niederspannungsnetz im Fall 2

Wie die obigen Simulationen zeigen, ist die Auswirkung der Stufung eines Transformators auf seine eigene Sammelschiene immer größer als die Auswirkung auf die Sammelschiene des benachbarten Transformators. Diese Annahme ist plausibel, da der ohmsche Anteil bei den Leitungsimpedanzen im Normalbetrieb dominant ist und die Lasten im Wesentlichen Wirkleistungen mit einem typischerweise geringen Anteil an induktiver Blindleistung aufnehmen.

Von dieser Annahme ausgehend, wird im Folgenden eine Plausibilitätsbetrachtung angestellt, die zu dem Ergebnis führt, dass sich die Transformator-Stufenregler zu keiner Dauerschwingung (unter Verwendung der SS als Regelknoten) anregen.

Dazu wird davon ausgegangen, dass die Transformatoren jeweils auf ihre eigene Sammelschiene regeln und dass das Totband sinnvoll zur Stufenbreite gewählt wurde. Dies ist der Fall, wenn das Totband breiter als die Stufenspannung ist und somit bei Verlassen des Totbandes und einer darauf folgenden Stufung, die Spannung sich nicht in unmittelbarer Nähe der entgegengesetzten Totbandgrenze befindet oder diese sogar überschreitet.

Weiterhin sind zwei Fälle zu unterscheiden:

A) Beide Transformatorknoten besitzen eine starke elektrische Kopplung, d.h. eine Stufung in einem Transformator verursacht eine Spannungsänderung in der gleichen Größenordnung an dem anderen Transformatorknoten.

B) Beide Transformatorknoten sind schwach mit einander gekoppelt, d.h. eine Stufung in einem Transformator bewirkt in dem anderen Transformatorknoten eine wesentlich geringere Spannungsänderung.

Fall A: Starke Kopplung

Wenn die Kopplung der beiden Netzknoten stark ist, heißt dies, dass die Impedanz zwischen den beiden Knoten gering ist. Damit befinden sich beide Transformatorspannungen in der gleichen Größenordnung.

Wenn nun die Spannung eines Transformators außerhalb seines Totbandes liegt und die des anderen Transformators nicht, erfolgt nach Ablauf der Integrationszeit eine Stufung. Da die Rückwirkung auf den anderen Knoten geringer ist, wird dessen Spannung auch nach der Stufung im Totband liegen (siehe Abbildung 5-34).

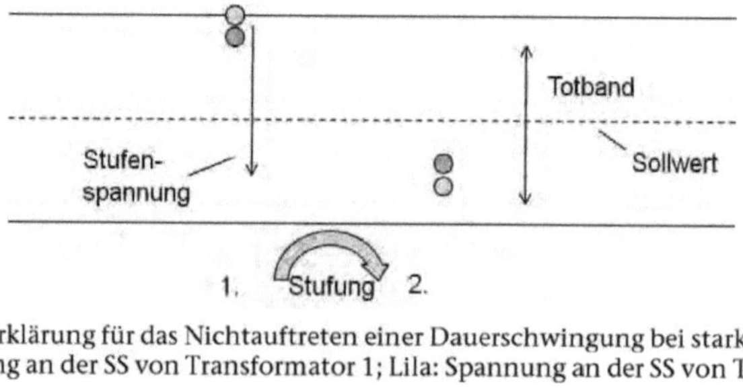

Abbildung 5-34 Erklärung für das Nichtauftreten einer Dauerschwingung bei starker Netzkopplung (Türkis: Spannung an der SS von Transformator 1; Lila: Spannung an der SS von Transformator 2)

Fall B: Schwache Kopplung

Im Fall der schwachen Kopplung können die beiden Transformatorspannungen so weit auseinander liegen, dass die Stufung des ersten Transformators das Verlassen des Totbandes der zweiten Transformatorspannung verursacht (siehe Abbildung 5-35). Die darauf folgende Stufung des zweiten Transformators verursacht wiederum eine Spannungsänderung an der Sammelschiene des ersten Transformators. Diese ist auf Grund der schwachen Kopplung aber erheblich geringer als am zweiten, zuletzt stufenden Transformator und führt nicht zum erneuten Verlassen des Totbandes.

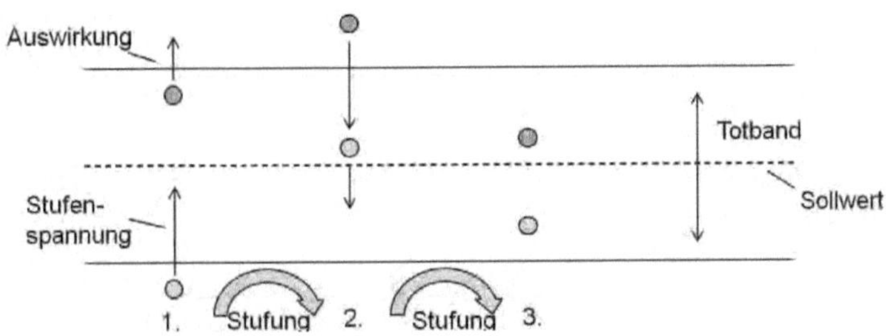

Abbildung 5-35 Erklärung für das Nichtauftreten einer Dauerschwingung bei schwacher Netzkopplung
(Türkis: Spannung an der SS von Transformator 1; Lila: Spannung an der SS von Transformator 2)

5.3.2 Kreisstromproblematik

Im Folgenden wird auf die Kreisstromproblematik eingegangen, die insbesondere auftritt, wenn mehrere Transformatoren mit unterschiedlichen Übersetzungsverhältnissen in ein Niederspannungsnetz einspeisen. Dazu wird zur Verdeutlichung das Netz aus Abbildung 5-28 zunächst im Leerlauf betrieben. Die Spannungssollwerte der Transformatoren werden so unterschiedlich gewählt, dass eine unterschiedliche Stufung beider Transformatoren erzwungen wird.

Der Sollwert für Transformator 1 wurde auf 230 V und der Sollwert für Transformator 2 auf 235 V gelegt. Folgende Simulationen wurden durchgeführt:

- Leitungsparameter analog zu Tabelle 5-2 (Variante A)
- Leitungen um Faktor 10 kürzer (Variante B)

Variante A:

Als Simulationsergebnisse sind für die Variante A in Abbildung 5-36 die Verläufe der Knotenspannungen und die Änderung des Übersetzungsverhältnisses beider Transformatoren und in Abbildung 5-37 die Verlustleistungsflüsse über die Transformatoren und die Netzverluste dargestellt.

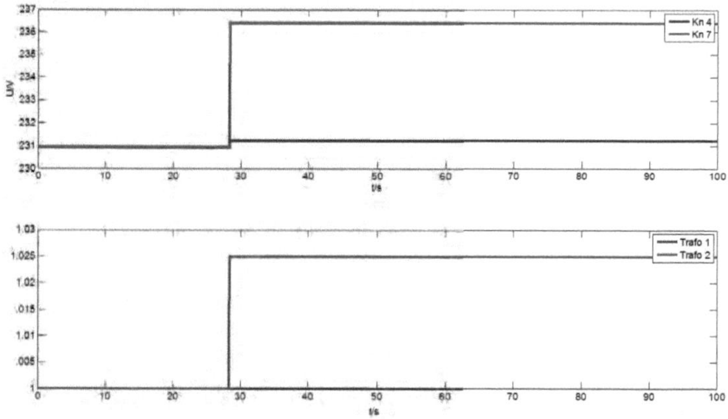

Abbildung 5-36: Spannungsverlauf (oben) und Stufung in [%] (unten) für die Variante A

In Abbildung 5-36 ist zu erkennen, wie nach Ablauf der Integrationszeit der Transformator 2 hochstuft, damit die zugehörige Regelknotenspannung im Totband liegt. Dadurch entsteht eine Differenz zwischen den beiden Transformatorsekundärspannungen. Als Folge nimmt Transformator 2 einen „zu hohen" Leistungsfluss von etwa 30 kW auf, der über den Transformator 1 zurück in das MS-Netz gespeist wird (siehe Abbildung 5-37). Es fließt also ein so genannter Kreisstrom. Dieser bewirkt eine zusätzliche Verlustleistung von etwa 0.7 kW im Niederspannungsnetz.

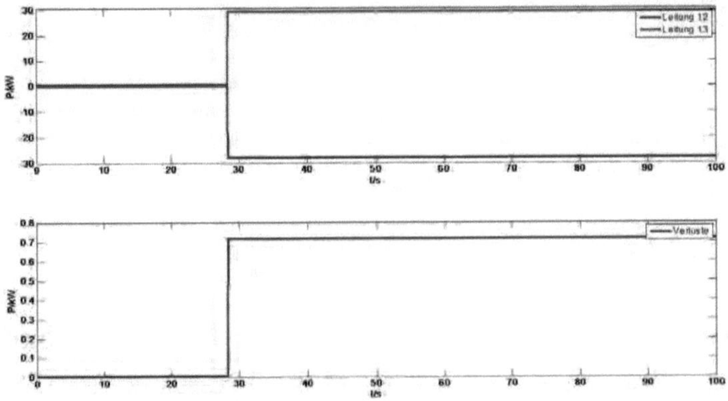

Abbildung 5-37: Wirkleistungsflüsse in den Zuleitungen der Transformatoren und die Verlustleistung im Niederspannungsnetz für die Variante A

Variante B

Um den Einfluss der Leitungslängen auf die Kreisstromverluste zu demonstrieren, werden die Leitungslängen um den Faktor 10 gekürzt. Damit reduziert sich die Leitungslänge zwischen den beiden Transformatoren von ca. 400 m auf ca. 40 m, was allerdings für zwei getrennte Ortsnetzstationen eine unüblich geringe Distanz darstellt.

Die Verläufe der Spannungen (siehe Abbildung 5-38) sind ähnlich wie im vorherigen Fall. Sie unterscheiden sich dahingehend, dass durch die geringere Leitungsimpedanz die Spannungsdifferenz zwischen den beiden Transformatorknoten geringer ist. In Abbildung 5-39 ist der durch die Spannungsdifferenz verursachte Wirkleistungsfluss dargestellt. Die Netzverluste sind in etwa um den Faktor 5 größer.

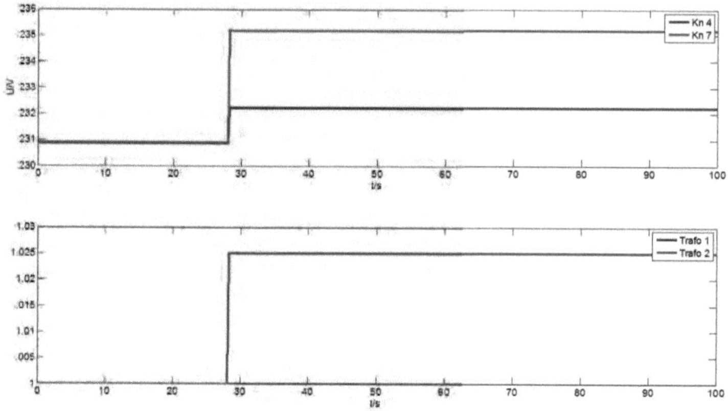

Abbildung 5-38 Spannungsverlauf (oben) und Stufung in [%] (unten) für die Variante B

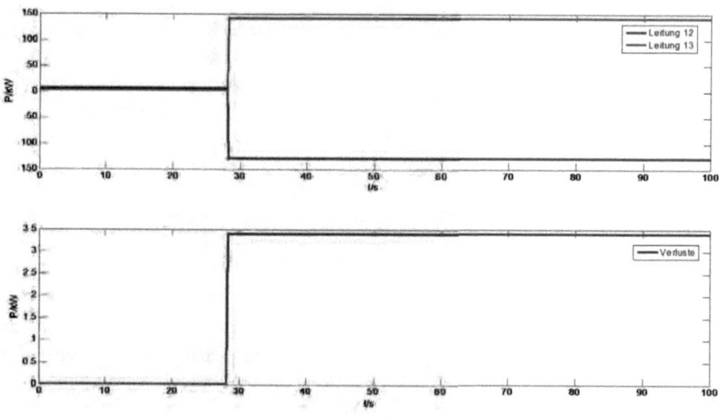

Abbildung 5-39: Wirkleistungsflüsse in den Zuleitungen der Transformatoren (oben) und die Verlustleistung im Niederspannungsnetz (unten) für die Variante B

5.3.3 Zwischenfazit zu den Untersuchungen an der Netzstruktur 2

Die Untersuchungen in diesem Abschnitt haben gezeigt, dass sich unter den hier getroffenen Annahmen die Transformatoren zu keiner Dauerschwingung anregen. Es können jedoch unnötige Stufungen auftreten. Die Ergebnisse der parallelen Einspeisung über zwei Transformatoren in ein NS-Netz und der damit verbundenen Kreisstrom-Problematik lassen sich wie folgt zusammenfassen:

- Die Höhe des Kreisstromes ist im Wesentlichen abhängig von den folgenden Größen:
  - Spannungsdifferenz zwischen den beiden Transformator-Sammelschienen
  - Kopplungsimpedanz zwischen den beiden Transformatoren
- Eine Stufendifferenz zwischen den beiden Transformatoren verursacht durch Kreisströme einen hohen Anstieg der Verluste im NS-Netz.
- Die Größenordnung des Kreisstroms erreicht bei den durchgeführten Berechnungen jedoch nicht eine Größenordnung, bei der Betriebsmittel überlastet werden.
- Mit den Transformatorsammelschienen als Regelknoten ist mit einem problematischen Verhalten im Normalbetriebsfall nicht zu rechnen.
- Bei Nutzung anderer Netzknoten als Regelknoten kann es zu unnötigen Stufungen kommen.

5.4 Anforderungen an den Betrieb eines oder mehrerer rONT bei gleichzeitigem Einsatz eines geregelten HS-/MS-Transformators

Neben der im vorherigen Kapitel durchgeführten Untersuchung einer möglichen Schwingungsanregung mehrerer rONT untereinander, werden in diesem Kapitel mögliche Wechselwirkungen mit dem überlagerten HS- / MS-Transformator untersucht. Hierbei wird auf Wunsch des Auftragsgebers zunächst das Zusammenspiel eines rONT mit dem die MS-Ebene speisenden Leistungstransformators untersucht. Hierfür wird die in der Abbildung 5-40 dargestellte Netztopologie verwendet.

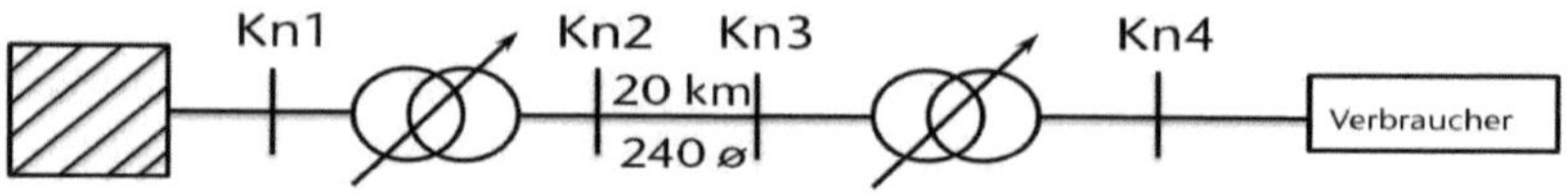

Abbildung 5-40: Topologie der Netzstruktur 3

Durch eine Erweiterung der Netzstruktur 3 auf die in der folgenden Abbildung zu sehenden Netzstruktur 4 können die Untersuchungen auf die Betrachtung mehrerer rONT erweitert werden.

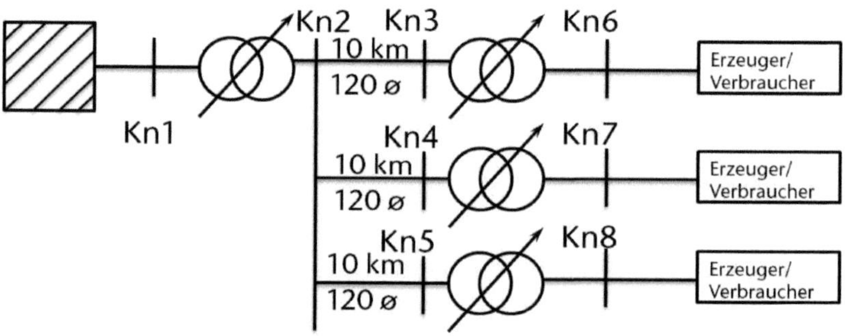

Abbildung 5-41: Topologie der Netzstruktur 4

Entsprechend Abb. 5-41 speist ein stufbarer Transformator aus einem überlagerten Hochspannungsnetz in ein Mittelspannungsnetz ein (Regelknoten Kn2). In diesem MS-Netz sind mehrere rONT angeschlossen (Regelknoten Kn6-8).

Die folgenden Untersuchungen lassen sich in zwei Bereiche einteilen:

- Wie wird der unterlagerte rONT durch den überlagerten HS-/MS-Transformator beeinflusst? (Abschnitt5.4.1)
- Wie wird der vorgeordnete HS-/MS-Transformator durch die unterlagerten rONT beeinflusst? (Abschnitt 5.4.2)

5.4.1 Auswirkung des HS-/MS-Transformators auf den unterlagerten MS-/NS-Transformator

In diesem Abschnitt wird die Fragestellung beantwortet, inwieweit unnötiges Stufen auftritt und wie dieses durch eine geeignete Wahl der Zeitkonstanten der Transformatoren verhindert werden kann. Hierzu werden die beiden folgenden Untersuchungen an dem Netz aus Abbildung 5-40 durchgeführt:

- Fall 1: Zeitkonstante HS-Transformator (30 sec) > Zeitkonstante MS-/NS-Transformator (15 sec)
- Fall 2: Zeitkonstante HS- Transformator (15 sec) < Zeitkonstante MS-/NS-Transformator (30 sec)

Das Ergebnis zu dem Fall 1 ist in Abbildung 5-42 zu sehen. In diesem Fall befinden sich zu Anfang der Simulation die Spannungen im Netz außerhalb der Totbänder der geregelten Transformatoren (gestrichelte Größen). Daraufhin stuft der Transformator mit niedrigerer Zeitkonstante zuerst, was in diesem Fall der MS- / NS-Transformator ist. Durch das Stufen des MS/NS-Transformator hat sich die Spannung des HS/MS–Transformator aber, zumindest nicht sichtbar verändert, und der HS- / MS–Transformator stuft kurze Zeit später. Durch diese Stufung befindet sich der MS- / NS-Transformator wieder außerhalb seines Totbandes und stuft nach Ablauf seiner Integrationszeit wieder zurück. In diesem Beispiel führt der rONT eine unnötige Stufung aus, da die Spannungserhöhung durch den HS- / MS-Transformator ausgeregelt wird.

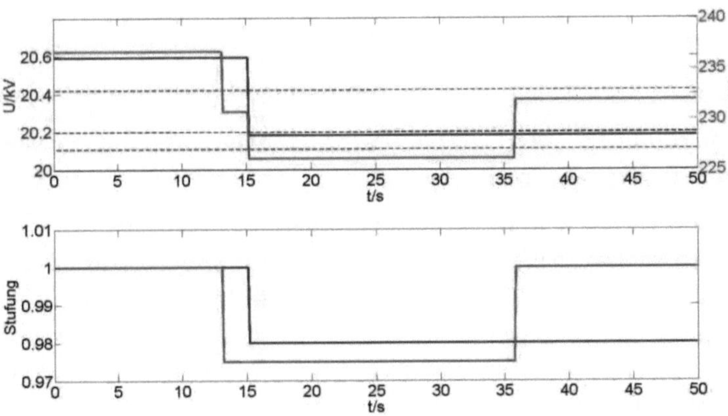

Abbildung 5-42: Zeitkonstante des Hochspannungstransformators kleiner die des rONT

In der folgenden Simulation (siehe Abbildung 5-43) werden die Zeitkonstanten der beiden Transformatoren getauscht (HS- /MS-Transformator: 15 sec; MS- / NS- Transformator: 30 sec).

Es ist in Abbildung 5-43 zu sehen, wie der HS- / MS-Transformator die Spannungserhöhung ausregelt und der MS- / NS-Transformator in diesem Fall nicht aktiv wird. Es lässt sich an dieser Stelle festhalten, dass es sinnvoll ist, die Zeitkonstanten der Transformatoren so zu wählen, dass der HS- / MS-Transformator schneller stuft als der MS- / NS-Transformator (Abbildung 5-43).

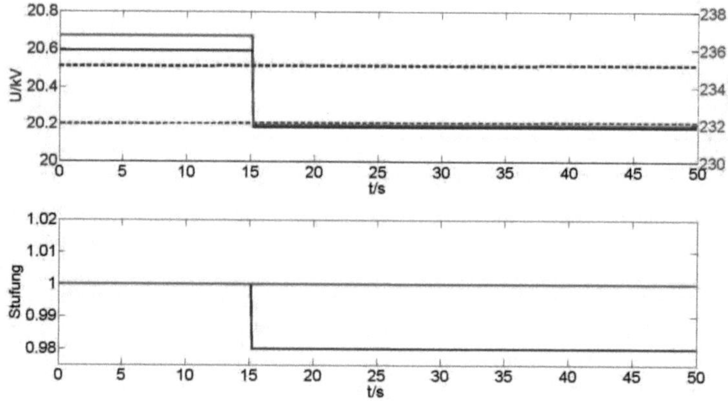

Abbildung 5-43: Zeitkonstante des Hochspannungstransformators größer die des rONT

5.4.2 Auswirkung der unterlagerten MS-/NS-Transformator auf den vorgeordneten HS-/MS-Transformator

In der Simulation aus Abschnitt 5.4.1 ist im Verlauf der Mittelspannungssammelschiene die Stufung des MS- / NS-Transformators nicht zu erkennen. Es gilt zu klären, ob es möglich ist, dass eine Stufung des rONT eine Stufung des HS- / MS-Transformators verursachen kann. Dazu wird mit Hilfe von Fortsetzungsmethoden der Einfluss des geregelten Ortsnetztransformators auf die Sammelschienenspannung des HS- / MS-Transformators aufgezeigt.

Der Fortsetzungsparameter ist in diesem Fall die Stufenstellung. Dabei wird bei verschiedenen Lasten die Sammelschienenspannung betrachtet (siehe Abbildung 5-44). Folgende Parameter wurden zur Erzeugung der Kurvenschar verwendet:

- P=200 kW und cosφ=1.00
- P=200 kW und cosφ=0.95
- P=200 kW und cosφ=0.85
- Eine Impedanz, die bei Nennspannung eine Leistung von P=200 kW und einem cos-φ=0.95 aufnimmt.

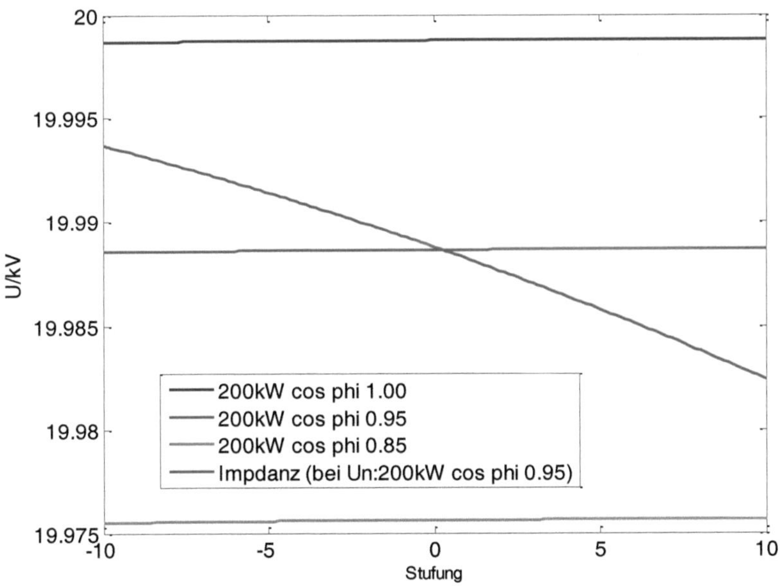

Abbildung 5-44 Rückwirkung eines NS-Transformators auf HS/MS-Sammelschiene

In Abbildung 5-44 ist auf der X-Achse die Stufenstellung des MS- / NS-Transformators und auf der Y-Achse die Spannung der Mittelspannungssammelschiene aufgetragen. Die Stufenspannung beträgt in diesem Fall 2.5 %.

Wie in Abbildung 5-44 zu sehen, wird die größte Spannungsänderung durch die ohmsche Last hervorgerufen. Die Spannungsänderungen in den anderen Lastfällen sind im Vergleich dazu marginal. Bei Betrachtung der Ergebnisse fällt auf, dass für eine Spannungsänderung von ca. 5 V an der Mittelspannungssammelschiene eine Stufendifferenz von 10 Stufen notwendig ist. Diese Stufendifferenz würde zu einer Spannungsänderung von 25 % auf der Niederspannungsseite führen. Dies lässt den Schluss zu, dass die Spannung auf der Mittelspannungsseite in einem zu vernachlässigbaren Bereich von der Stufenstellung des Ortsnetztransformators beeinflusst wird. Um diese Aussage zu bestätigen, wird mit dem Netz aus Abbildung 5-41 die in Abbildung 5-45 zu sehende Zeitreihensimulation durchgeführt.

Es wird in jedem Niederspannungsnetz der rote Lastverlauf angeschlossen, der sich sprunghaft ändert. Der erste Lastsprung erfolgt nach 50 Sekunden von 300 kW auf 600 kW, sodass nach dem ersten Lastsprung die verwendeten 400 kVA Transformatoren bereits übelastet sind. Der Lastsprung verursacht im gesamten Netz einen Abfall der Spannung. Die Beeinflussung der MS-Sammelschienenspannung ist nicht groß genug, um eine Stufung des HS- / MS-Transformators auszulösen. Daher stufen „nur" die MS- / NS-Transformatoren. Deren Stufvorgang ist in der unten zu sehenden Darstellung auf der Mittelspannungsseite nicht zu erkennen.

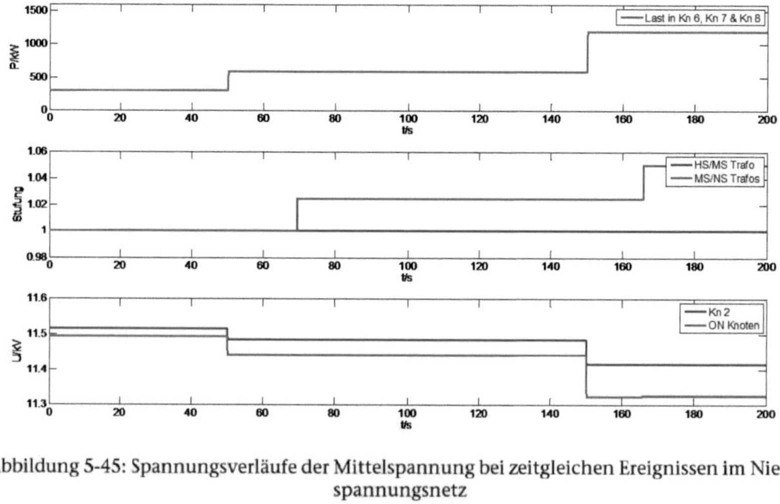

Abbildung 5-45: Spannungsverläufe der Mittelspannung bei zeitgleichen Ereignissen im Niederspannungsnetz

Der zweite Lastsprung von 600 kW auf 1200 kW geschieht zum Zeitpunkt t=150 Sekunden. Erneut wird der HS- / MS-Transformator nicht zum Stufen angeregt. In Abbildung 5-45 ist jetzt eine leichte Reaktion an den Mittelspannungsnetzknoten der einzelnen Ortsnetztransformatoren auf deren Stufung zu erkennen, die sich in einem zu vernachlässigen Bereich bewegt. Im Sammelschienenknoten des HS- / MS-Transformators ist dieser Effekt nicht zu erkennen.

5.4.3 Zwischenfazit zu den Untersuchungen an den Netzstrukturen 3 und 4

Die Untersuchungen an den Netzstrukturen haben gezeigt, dass sich die Stufungen der MS- / NS-Transformatoren nur gering auf die Mittelspannungsebene auswirken. Es ist daher nicht mit einer negativen Beeinflussung des HS- / MS-Transformators durch den Einsatz stufbarer Ortsnetztransformatoren zu rechnen.

Der geregelte HS- / MS-Transformator wirkt sich dagegen direkt auf die MS- / NS-Transformatoren aus. Die Mittelspannung unterliegt generellen Schwankungen, welche durch Änderungen der vorgelagerten Hochspannung oder durch Änderungen im Lastfluss hervorgerufen werden. Wenn dabei die Spannung am Regelknoten des HS- / MS-Transformators das Totband verlässt, löst dieser unabhängig von den unterlagerten rONT eine Stufung aus und beeinflusst alle unterlagerten Knotenspannungen. In der Reaktion auf diese Spannungsänderung ist der folgende ungünstige Fall möglich:

Wenn die Regelzeitkonstanten der MS- / NS-Transformatoren kleiner als die des HS- / MS-Transformators sind, werden sie ihre Stufung auslösen bevor der HS- / MS-Transformator die Spannung in sein Totband gestuft hat. Dies kann (wie oben gezeigt) zur Folge haben, dass die Ortsnetztransformatoren nach ausgeführter Stufung des HS- / MS-Transformators ihre zuvor getätigte Stufung zurücknehmen müssen. Daher sollte die Zeitkonstante des MS- / NS-Transformators größer als die des HS- / MS-Transformators gewählt werden.

5.5 Variation von Stufenspannung und Stufenanzahl

Neben simulatorischen Untersuchungen sind im Rahmen dieser Orientierungsstudie auch allgemeine, netzplanerische Überlegungen vorgenommen worden. In diesem Kapitel wird der Zusammenhang zwischen Stufenanzahl, Stufenbreite und der planerisch zu bestimmenden Mittelspannungsspreizung, welche der rONT ausregeln können muss, untersucht. Zunächst werden mögliche und typische Schwankungen der Mittelspannung definiert und hierauf aufbauend unter Annahme einer vorhandenen Stufenanzahl die notwendige Stufenspannung bestimmt. Auf diesen Ergebnissen aufbauend wird im Anschluss der primäre Nutzen, welcher sich in der Erweiterung des planerisch zulässigen Spannungshubes in der Niederspannung darstellt, eines rONT unter den angenommenen Betriebsbedingungen analysiert. Schließlich werden die eingangs angenommenen Parameter variiert, um somit erste Aussagen über sinnvolle Kombinationen treffen zu können. Die Auswirkungen, welche diese Betriebsweise auf die Mittelspannungsebene hat und ob durch den ausnahmslosen Einsatz von rONT auch in dieser Spannungsebene weitere positive Effekte erzielt werden können, wird im Rahmen dieser Studie vereinbarungsgemäß nicht behandelt. Es ist aber anzunehmen, dass sich durch einen durchgehenden Einsatz von rONT auch in der Mittelspannungsebene positive Effekte und somit ein weiterer Nutzen erzielen lassen.

Für beide Ebenen zusammen steht nach Norm ein Toleranzband von $\pm 10\% \cdot U_N$ zwischen Umspannwerk (UW) und Hausanschluss (HA) zur Verfügung, welches entsprechend auf beide Ebenen aufgeteilt werden muss. Netzplanerisch wird beispielsweise ein maximaler Spannungsfall über das Niederspannungs- und Mittelspannungsnetz von je 5 % zugestanden. Über den Transformator kann ein Spannungsfall von 3 % angenommen werden. Ausgehend von der ursprünglichen Netzaufgabe - ohne dezentrale Einspeisung - und von einem worst-case Fall, kann am Hausanschluss 0,9 U_N angenommen werden. Unter Berücksichtigung der maximal zulässigen Spannungsfälle über die Netzebenen und den Transformator resultiert als Sollwert (Betriebspunkt des Transformators) am Umspannwerk eine Spannung von 1,03 U_N. Weiterhin wird das Reglerband für den HS- / MS-Stufenregler mit einem üblichen Wert von ±3% angenommen. Mit dem ermittelten Betriebspunkt, der Angabe des Reglerbandes, sowie einem Spannungshub von 3 % (durch Erzeugungsanlagen in der MS-Ebene) und einem Spannungsfall von 5 % ergibt sich eine Spannungsspreizung in der Mittelspannung von (siehe auch Abbildung 5-46):

$$\Delta u_{MS} = \Delta u_{MS-Abfall,Betrieb} + \Delta u_{MS-Hub,Betrieb} + \Delta u_{MS-\mathrm{Reglerband}} = 5\% + 3\% + 6\% = 14\% \qquad \text{5-1}$$

Um diesen Bereich abzudecken, können verschiedene Stufenanzahlen und dementsprechende Stufenbreiten ausgewählt werden. Hierbei ergeben sich verschiedene Vor- und Nachteile hinsichtlich des zulässigen Spannungshubes durch dezentrale Energieerzeugungsanlagen im Niederspannungsnetz. In dieser Beispielrechnung wird eine Stufenzahl von fünf (in Anlehnung an den vorhandenen Prototypen der Maschinenfabrik Reinhausen) angenommen. Die erforderliche Stufenbreite berechnet sich demnach zu:

$$\Delta u_{Stufe,RONT} = \frac{\Delta u_{MS}}{(n_{Stufen} - 1)} = \frac{14\%}{(5-1)} = 3{,}5\% \qquad \text{5-2}$$

Das Reglertotband wird üblicherweise mit einem Anteil von 50-100 % der Stufenbreite angenommen, um eine Schwingungsanregung zu vermeiden. Wird das Totband zu gering gewählt, so wird die Spannung durch den Stufvorgang immer in einen Bereich außerhalb des Totbandes geregelt, sodass es nach einiger Zeit zu einer Rückstufung kommt. Bei Wahl eines Anteils von 60 % ergibt sich in dieser Rechnung das Reglertotband zu:

$$\Delta u_{\mathrm{Reglertotband},RONT} = \pm\,(0{,}6 \cdot \Delta u_{Stufe,RONT}) = \pm\,(0{,}6 \cdot 3{,}5\%) \approx \pm 2\% \qquad \text{5-3}$$

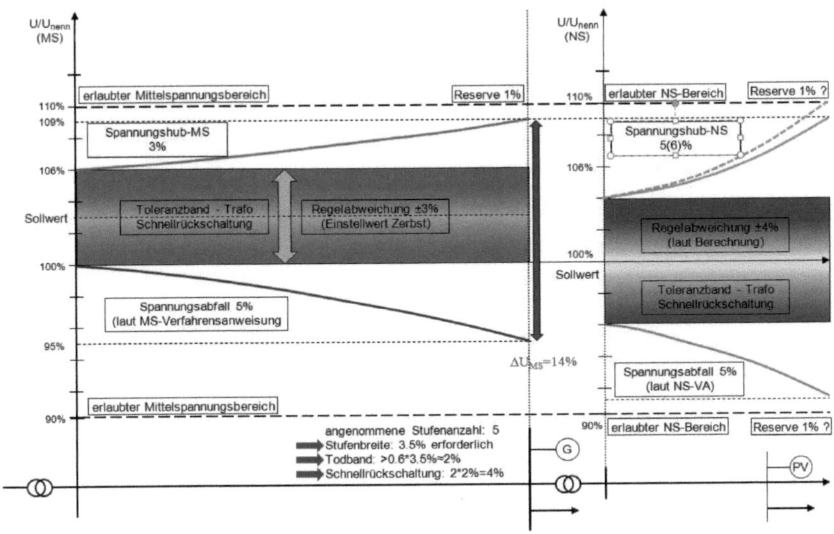

Abbildung 5-46: Zu beachtende Spannungsbänder und resultierender Spannungshub (exemplarisch)

Unter der Annahme, dass das Band der Schnellrückschaltung die maximale Abweichung vom Sollwert vorgibt und dieses in Anlehnung an übliche Einstellwerte doppelt so groß wie das Totband gewählt wird, ergibt sich die maximale Regelabweichung zu

$$\Delta u_{\max.\text{Regelabweichung}} = 2 \cdot u_{\text{Reglertotband},RONT} = 2 \cdot 2\% = 4\% \qquad \text{5-4}$$

Diese berechneten Werte sind in Abbildung 5-46 mit den vorherigen Annahmen skizziert. Somit ergibt sich für das Niederspannungsnetz ein maximaler zulässiger Spannungshub von:

$$\begin{aligned}\Delta u_{NS,\max,zul} &= \Delta u_{ges} - 2 \cdot \Delta u_{\text{Reserve}} - \Delta u_{Spannungsabfall,NS} - 2 \cdot u_{\max,\text{Regelabweichung}} \\ &= 20\% - 2 \cdot 1\% - 5\% - 2 \cdot 4\% = 5\%\end{aligned} \qquad \text{5-5}$$

Um den zulässigen Spannungshub durch Eigenerzeugungsanlagen im Niederspannungsnetz möglichst groß zu gestalten, kann aus den ermittelten Werten der minimale Sollwert der Regelung festgelegt werden, um das Band quasi an die unteren Grenzen anzupassen.

$$\begin{aligned}u_{soll,\min,NS} &= u_{untereGrenze} + \Delta u_{Spannungsabfall,NS} + \Delta u_{\text{Reserve}} + u_{\max,\text{Regelabweichung}} \\ &= 90\% + 5\% + 1\% + 4\% = 100\%\end{aligned} \qquad \text{5-6}$$

In diesem Beispiel muss der Reglersollwert der Niederspannungsregelung auf 100 % der Nennspannung eingestellt werden, um eine Verletzung des unteren Spannungsbandes zu vermeiden und gleichzeitig 5 % Toleranz für den Spannungshub zu gewährleisten.

Anhand dieser durchgeführten Beispielrechnung ist erkenntlich, dass die Wahl der Stufenanzahl und der damit verbundenen Stufenbreite bei einer vordefinierten Mittelspannungsspreizung Einfluss auf die Höhe des erlaubten Spannungshubes im Niederspannungsnetz hat. Die nachfolgende Tabelle enthält unterschiedliche Fälle für diverse Spannungsspreizungen der Mittelspannung und Stufenanzahlen des Transformators.

Tabelle 5-3: Variation von Stufenzahl und zulässiger MS-Spannungs-Fluktuationen

konstante Parameter		variierende Parameter		berechnete Parameter				
Reserve am UW in %	zul. planerischer Spannungs-abfall im NS-Netz in %	Spannungsspreizung Mittel-spannung in %	angenommene Stufenzahl	berechnete Stufenbreite in &	Reglertotband (60% d. Stufen-breite) in %	maximales Regelabweichung (Band der Schnellrückschal-tung) in %	minimal möglicher Sollwert in %	max. zulässiger Spannungshub im NS-Netz in %
2	5	6	3	3	1,8	3,6	-0,4	5,8
2	5	10	3	5	3	6	2	1
2	5	14	3	7	4,2	8,4	4,4	-3,8
2	5	18	3	9	5,4	10,8	6,8	-8,6
2	5	6	5	1,5	0,9	1,8	-2,2	9,4
2	5	10	5	2,5	1,5	3	-1	7
2	5	14	5	3,5	2,1	4,2	0,2	4,6
2	5	18	5	4,5	2,7	5,4	1,4	2,2
2	5	6	7	1	0,6	1,2	-2,8	10,6
2	5	10	7	1,67	1	2	-2	9
2	5	14	7	2,33	1,4	2,8	-1,2	7,4
2	5	18	7	3	1,8	3,6	-0,4	5,8
2	5	6	9	0,75	0,45	0,9	-3,1	11,2
2	5	10	9	1,25	0,75	1,5	-2,5	10
2	5	14	9	1,75	1,05	2,1	-1,9	8,8
2	5	18	9	2,25	1,35	2,7	-1,3	7,6
2	5	6	11	0,6	0,36	0,72	-3,28	11,56
2	5	10	11	1	0,6	1,2	-2,8	10,6
2	5	14	11	1,4	0,84	1,68	-2,32	9,64
2	5	18	11	1,8	1,08	2,16	-1,84	8,68
2	5	6	13	0,5	0,3	0,6	-3,4	11,8
2	5	10	13	0,83	0,5	1	-3	11
2	5	14	13	1,17	0,7	1,4	-2,6	10,2
2	5	18	13	1,5	0,9	1,8	-2,2	9,4

Aus der Tabelle 5-3 wird ersichtlich, dass bei einer fest angenommenen Mittelspannungsspreizung und einer Erhöhung der Stufenanzahl die notwendigen Stufenspannungen abnehmen. Außerdem sinkt bei kleinerer Mittelspannungsspreizung folglich die Stufenspannung und hierdurch ergeben sich mehr Freiheiten in Bezug auf den zulässigen Spannungshub in der Niederspannung. Ferner kann aus der Tabelle 5-3 geschlossen werden, dass die Stufenanzahl einen enormen Einfluss auf den zentralen Nutzen, welcher in einer Erhöhung des Spannungshubes besteht, hat. Gleichzeitig hat die Stufenanzahl einen unmittelbaren Einfluss auf die Kosten dieses neuen Betriebsmittels und auf die Baugröße. Diese ist wiederrum durch die Forderung, dass das Betriebsmittel rONT in bestehende Stationen eingebracht werden kann, limitiert, sodass sich ein unmittelbares Spannungsfeld ergibt. Vor diesem Hintergrund empfehlen die Autoren dieser Studie weitergehende Untersuchungen zu dem Themenfeld „Optimale Stufenspannung und Stufenanzahl“.

6. Fazit

Als Ergebnis dieser Studie kann festgehalten werden, dass der Einsatz eines rONT technisch möglich und sinnvoll erscheint. Prinzipiell können dabei der Mono- und Multisensorbetrieb unterschieden werden. Der Monosensorbetrieb, der die Sammelschienenspannung als direkte Eingangsgröße verwendet, erwies sich dabei als robust und einfach in der Inbetriebnahme. Die dabei vorzuhaltende Mess- und Kommunikationsinfrastruktur fällt eher gering aus. Mit dieser Lösung werden die MS- und NS-Ebenen voneinander entkoppelt und eine Aufweitung der Spannungsbänder bzw. eine Erhöhung des erlaubten Spannungshubes – bei entsprechender Wahl von Stufenanzahl und Stufenspannung – ermöglicht. Ein Ausregeln von Spannungsänderungen im NS-Netz, die z. B. durch Erzeugungsschwankungen auftreten können, ist in dieser Konfiguration nicht möglich, sodass die klassische Netzplanung zur Begrenzung von Spannungsspreizungen weiterhin anzuwenden ist. In diesem Zusammenhang ist anzumerken, dass das Ausregeln von PV-seitigen Erzeugungsschwankungen Zeitkonstanten von weniger als 10 Sekunden benötigten würde. Eine derart niedrig gewählte Zeitkonstante würde eine deutliche Erhöhung der Schaltspielhäufigkeit zur Folge haben und würde eine intensive Untersuchung der Flickerbeeinflussung benötigen. Darüber hinaus würde sie in einem ungünstigen Verhältnis zu den Einstellwerten der überlagerten Transformatorregelung (HS- / MS-Transformator) stehen, da diese größere Zeitkonstanten besitzen.

Durch den Einsatz einer verteilten Messung als Eingangsgröße des Reglers können mögliche Spannungsänderungen im NS-Netz erkannt werden. Ein Ausregeln dieser Spannungsänderungen erscheint unter Vernachlässigung des Extremfalls „maximale Einspeisung in einem Abgang und maximaler Verbrauch in einem weiteren Abgang" möglich, sodass eine geringere Notwendig zum klassischen Netzausbau vermutet werden kann. Diesem Mehrgewinn gegenüber dem Monosensorbetrieb steht jedoch ein größer Aufwand für Mess- und Kommunikationstechnik als auch eine aufwendigere Parametrierung und Inbetriebnahme entgegen. Für ein endgültiges Fazit sind weitere Untersuchungen zum Multisensorbetrieb vorzunehmen.

In weiteren Untersuchungen konnte des Weiteren keine kritische Schwingungsanregung festgestellt werden. Die gilt sowohl in Bezug auf den Parallelbetrieb zweier rONT, den Betrieb in Reihe mit einem geregelten HS- / MS-Transformator als auch auf die parallele Anwendung einer cosφ-Regelung (unter Verwendung der SS-Spannung als Regelgröße). Aus diesen Untersuchungen kann ferner abgeleitet werden, dass die Zeitkonstante des rONT größer als die des HS- / MS-Transformators zu wählen ist, um unnötige Stufvorgänge zu vermeiden. Ebenfalls untersucht wurde in diesem Rahmen die Kreisstromproblematik bei bereits gekoppelten Netzen, wobei eine potentielle Erhöhung der Netzverluste aber keine Überlastung der Betriebsmittel festgestellt wurde.

Prinzipielle Untersuchungen wurden auch auf dem Gebiet der normativen Anforderungen vorgenommen. Hierbei stellt die negative Beeinflussung des Flickerspegels die zentrale Einschränkung / Anforderung dar. Es konnte aber festgestellt werden, dass die sich derzeit in der Diskussion befindlichen Stufenspannungen von max. 5 % verbunden mit einer geringen Schaltspielhäufigkeit normativ möglich sind. Diese Aussage sollte jedoch, insbesondere vor der Diskussion verringerter Zeitkonstanten, simulativ und / oder durch reale Messungen verifiziert werden.

Schließlich konnte eine unmittelbare Abhängigkeit zwischen den Größen planerische Spreizung der Mittelspannung, Stufenanzahl und Stufenspannung sowie dem zentralen Nutzen des rONT, der sich in der Vergrößerung des zulässigen Spannungshubes widerspiegelt, festgestellt werden. Durch Parameter-Variation konnten sowohl Betriebszustände erzielt werden, welche bereits ohne dezentrale Spannungsanhebung unzulässig waren, als auch solche, die einen planerischen Spannungshub von mehr als 10 % zuließen. Diese Ergebnisse verdeutlichen die Notwendigkeit bereits vorgeschlagener weitergehender Untersuchungen. Die Herausgearbeiteten Fragestellungen werden abschließend im folgenden Kapitel aufgeführt.

7. Herausgearbeitete Fragestellungen für weitergehende Untersuchungen

Neben der Untersuchung erster prinzipieller Wirkzusammenhänge lag der Auftrag dieser Orientierungsstudie in dem Herausarbeiten entscheidender Fragestellungen, die die Grundlage weitergehender Untersuchungen darstellen können. Hierbei lassen sich vier größere Themenfelder angeben:

- Regler

Im Rahmen dieser Orientierungsstudie ist ein Standardregelverfahren verwendet worden. In weitergehenden Untersuchungen sollte dieses und andere Standardregelverfahren näher untersucht und deren Parameter insbesondere unter dem Aspekt der Schaltspielhäufigkeit und Flickerbeeinflussung variiert werden. Daneben sollten weiterführende Reglerkonzepte erstellt werden, die insbesondere bei einem Multisensorbetrieb zur Anwendung kommen und eine sinnvolle Kombination mehrerer Messgrößen enthalten. Diese sollten ebenfalls auf ihr Zusammenspiel mit vorhandenen regelenden Einheiten im Verteilnetze hin untersucht werden.

- Flicker / Schaltspielhäufigkeit

Im Rahmen dieser Studie wurden verschiedene normative Verweise in Bezug auf den rONT untersucht sowie eine Expertenbefragung durchgeführt. Die getroffenen Aussagen sollten durch weiterführende Flickersimulationen und reale Messungen verifiziert werden. Des Weiteren sollten die zu erstellenden Reglerkonzepte auf ihre Schaltspielhäufigkeit hin untersucht werden, um somit Aussagen über die Lebensdauern / Wartungszyklen und im Ergebnis Betriebskosten treffen zu können.

- Netzplanung mit strategisch sinnvoller Stufenanzahl und Stufenspannung

Durch den rONT und seine verschiedenen Betriebsweisen müssen die Netzplanungsgrundlagen des Netzbetreibers angepasst werden. Die hierbei auftretenden Fragestellungen sollten wissenschaftlich begleitet werden. Es stellt sich die Frage, wie zukünftige Netzplanungsrichtlinien zu gestalten sind, wenn der rONT zur Entkopplung von MS- und NS-Netzebene eingesetzt wird. Beispielhaft kann an dieser Stelle die bisherige Aufteilung der durch die Norm einzuhaltenden Spannungsbänder genannt werden. Wie sind zukünftige Netzplanungsrichtlinien zu gestalten, wenn der rONT dagegen auch zum Ausgleich von Spannungsschwankungen in der NS-Netzebene eingesetzte wird und welche Änderungen ergeben sich gegenüber der reinen Entkopplung der Netzebenen? Wie muss eine hierfür geeignete Messinfrastruktur gestaltet sein und welche Vorteile bietet diese Variante gegenüber dem sonst notwendigen Netzausbau? Letztlich müssen für beide Fälle die Fragen nach der optimalen Stufenanzahl und Stufenspannung sowie nach Mindestanforderungen an beide Anlagenparameter gestellt werden. Die weitere wissenschaftliche Begleitung der Entwicklung dieser neuen Technologien erscheint somit aus Sicht der Autoren notwendig und angebracht. Das EFZN steht stellvertretend für die beteiligten Professoren für diese Aufgabe weiterhin als kompetenter Partner zur Verfügung.